U0210812

TOWARDS
A LOW-CARBON
SOCIETY

迈向低碳社会

城市规划新方法

郑德高　林辰辉　著

中国建筑工业出版社

图书在版编目（CIP）数据

迈向低碳社会：城市规划新方法 = TOWARDS A LOW-CARBON SOCIETY / 郑德高，林辰辉著 . —北京：中国建筑工业出版社，2024.11
ISBN 978-7-112-29708-5

Ⅰ.①迈⋯　Ⅱ.①郑⋯　②林⋯　Ⅲ.①城市规划
Ⅳ.①TU984

中国国家版本馆 CIP 数据核字（2024）第 063542 号

责任编辑：滕云飞
责任校对：王　烨

迈向低碳社会：城市规划新方法
TOWARDS A LOW-CARBON SOCIETY
郑德高　林辰辉　著

*

中国建筑工业出版社出版、发行（北京海淀三里河路 9 号）
各地新华书店、建筑书店经销
华之逸品书装设计制版
北京市密东印刷有限公司印刷

*

开本：880 毫米 ×1230 毫米　1/32　印张：10　字数：167 千字
2024 年 8 月第一版　　2024 年 8 月第一次印刷
定价：**68.00** 元
ISBN 978-7-112-29708-5
（42772）

序 言

　　回首历史，我们可以清晰地看到人类社会从工业革命以来取得的繁荣与进步。然而，这也伴随着能源的过度消耗和环境的不断恶化。联合国政府间气候变化专门委员会（IPCC）的每一次报告都在释放一个信号，由人类引起的气候变化正越来越频繁，且深刻地影响着全球社会，全球共同积极应对气候变化已经成为必然。我们迫切需要转变过去高耗能、高排放的发展模式，迎接一个更可持续、更低碳的时代。

　　展望未来，2006年瑞典提出成为全世界第一个超越石油的国家后，芬兰、冰岛、奥地利、德国等国家都提出了自己的碳中和目标，碳达峰、碳中和俨然成为应对气候变化的国际行动，中国也宣布了2060年实现碳中和的目标。顺应国际行动的同时，我们也必须看到发达国家倡议碳减排所在的历史始点与中国不同，工业化中后期、发展中的我们突然"扭转"方向也非常困难，中国必然需要选择一条更具中国特色、更智慧创新的路径。

我和团队曾经作过中国人均碳排放和每平方公里碳排放的测算，数据表明，碳排放和城镇化的分布、城镇人口的分布以及城市建设密切相关，中国城镇地区实现低碳转型发展对中国的碳中和、碳减排工作意义斐然。依托"十三五"重点研发计划"城市新区规划设计方法优化关键技术研究"，我和多个团队进一步从能、水、碳三个维度深入研究了城市新区的规划设计优化技术，也是在这个研发计划中，与德高、辰辉带领的团队第一次合作。他们承担了"城市新区绿色规划设计技术集成与示范"课题，对多系统的研究进行了规划减碳技术集成，实现了关键技术突破。德高、辰辉和团队在此之后又深化和拓展了规划减碳技术的研究，带来的这本《迈向低碳社会：城市规划新方法》正是应时之作。本书跳出城市规划的旧脚本，转而探讨全球气候变化新时代背景下城市发展的新脚本，是一部深刻洞察城市未来发展的重要之作，也是对当代城市规划领域的一次重要探索和独到思考，为迈向低碳社会提供了新的理论支持和实践指南。

本书从人类历史的全局视角和全球城市的实践层面进行大跨度的纵览，提出了减碳技术的全链条变革、人的行为方式转变、城市与自然的空间秩序重构这三种力量构成了低碳社会形成的原动力，这一高屋建瓴的论点在当下具有很强的针对性和指引性。这三大力量，既从技术角度出发，也聚焦于人的生活方式，落脚于城市空间的布局，为低碳社会的实现提供了多维度的路径。

首先，本书强调了减碳技术的全链条变革。提醒我们不能仅仅在某一环节施加技术创新，而是要更好地理解能源的生产、使用和管理，对整个能源流管理进行深刻的变革。这种全链条的技术创新不仅为城市规划者提供了更多选择，也为未来城市的发展奠定了技术基础。

其次，人的行为方式转变被提出作为低碳社会建设的另一关键所在。这意味着每一个人都不是应对气候变化的置身事外的看客，生活行为方式的改变不仅在个体层面产生积极效果，更会在社会层面形成有益循环，书中强调了激发居民低碳生活意识、全民共同参与的重要意义。

最后，城市与自然空间的秩序重构是书中着力强调的另一主题，为城市未来的空间布局提供了全新思路。读完这一部分，最深刻的感受是书中提出的+绿色、多样化、组团式、混合式、中密度、新基建、分布式、场景化、绿色出行和数字驱动的规划方法集成，为规划者提供了一整套科学、实用的指导原则。这十大法则新方法不仅仅是理论上的构想，更是在实际城市规划中得以验证和应用，尤其是对于城区—片区—街区三层减碳单元的前瞻性应用与示范，为我们在城市规划实践中的日常决策提供了有益的启示。

毋庸置疑，我们正处在低碳社会的新开端，这一轮城市发展变革对人类社会结构甚至人类文明都将可能带来长远和深刻的影响。《迈向低碳社会：城市规划新方法》为我们理解和应对城市化进程中的低碳挑战提供了基石性的思考，并以其深邃的理论思考和多样的实践方法，对当前城市化与碳排放挑战作出了创新性回答。为中国的可持续的降碳排找到了一条符合实际的特色路径。建设更低碳美好的城市，是每一位城市规划师的无尽责任，相信阅读《迈向低碳社会：城市规划新方法》，将为广大城市规划从业者和决策者提供深度的理解、高度的思考，获得丰富的启示。城市决策者、城市规划者与社会各界一起努力，发扬书中理念，我们有信心迈向一个更加绿色低碳的城市未来。

中国工程院院士
德国工程科学院院士
瑞典皇家工程院院士　吴志强

前 言

　　城市占地球表面不到2%的面积，却集聚了超过56%的人口，也消耗了78%的能源，产生了超过60%的温室气体，城市减碳对应对气候变化挑战的意义不言而喻。身为规划师，我们很自然地想问："我们能做什么？"笔者和团队持续跟踪城市绿色低碳发展多年，发现城市规划的系统统筹方法对于城市减碳具有重要意义，也发现城市规划领域仍然缺乏减碳的关键技术。我国在第七十五届联合国大会一般性辩论上庄严承诺："二氧化碳排放力争于2030年前达到峰值，努力争取2060年前实现碳中和"，由此"碳中和""碳达峰"引发越来越多的社会热议，笔者觉得这是一个契机。正值吴志强院士负责十三五国家重点研发计划"城市新区规划设计优化技术"，笔者负责其中的课题五"城市新区绿色规划设计技术集成与示范"。因此，笔者对相关内容进行系统整理，动笔写了这本《迈向低碳社会：城市规划新方法》，作为规划师，也作为城市中的普通人，希望为低碳社会建设提供一份思考。

这本书首先阐述气候变化可能带给城市的种种危机，回顾了典型国家应对气候变化的战略与举措，可以看出，低碳社会建设势在必行。面向中国国情，结合多年研究成果，我们提出可以从自然逻辑、行为逻辑、技术逻辑三个维度，回答低碳社会"何以生成"这一根本问题。其中技术逻辑得到的关注最多，技术迭代受到追捧，工程技术在当前低碳城市建设中也发挥着主导作用；自然逻辑受到的关注也越来越多，包括对自然环境保护的重视和对生态系统的修复治理等；行为逻辑则一直没有得到足够的重视，不仅是对公众行为引导的忽视，还有相关社会教育的滞后。但低碳社会的建设需要基于技术逻辑、行为逻辑和自然逻辑进行系统思考，既要从历史中寻求智慧，又要从生活方式上引导更低碳的行为，还要基于技术逻辑，实现各类低碳技术的合理应用。

其次，整合三种逻辑，溯源城市碳排，转变过去生产端的计量方式，转译至消费端的碳排计量，进而提出规划减碳"十大法则"。它从规划系统性减碳优势出发，考虑了城市与自然和谐相处的布局、低碳场景的营造，以及先进减碳技术应用对城市规划技术方法的影响，形成包括

"+绿色"、多样化、组团式、混合式、中密度、新基建、分布式、场景化、绿色出行和数字驱动的规划方法集成。为了进一步结合具体的城市规划实践，我们引入"城区—片区—街区"三层减碳单元概念，针对不同减碳单元的不同减碳重点，指导规划减碳技术分尺度运用。最后，我们结合近年工作，整理了不同尺度减碳单元的实践，希望通过示范案例介绍给予同仁们更多启示。

"双碳"是经济社会发展变革的一个契机，也是城市规划变革的契机，我在一次讨论城市规划未来的会议中讲过一句话，"城市规划起源于公共卫生，繁荣于经济的快速发展，复兴于经济、社会与环境的可持续"。低碳社会这一重大变革，迫使城市规划必须打破传统的理念，全方位地拓展和改革自身的理论体系和技术手段。一方面，进一步贴近科学，用定量的方法研究城市，核算规划技术方法的有效性；另一方面，进一步发挥集成优势，用系统思维协同多个关联领域，通过"十大法则"的技术集成，使各类规划减碳技术形成合力。

在这个过程中，我们发现减碳单元是一个重要概念，其中又以街区尺度（$3\ km^2$左右）的减碳单元最为重要。第一，能源可调节，能源站的服务范围通常是$1\sim3\ km^2$；第二，资源可循环，垃圾转运站的服务范围也是 $1\sim 3\ \text{km}^2$；第三，交通可步行，生活圈的服务范围也是 $1\sim 3\ \text{km}^2$。同时，在城镇化后期，很多建设实践是在中、微观尺度展开。国际上大家耳熟能详的一些实践案例，包括瑞典哈马碧湖城、丹麦奥斯陆海港城、新加坡登加新镇等，都在 $3\ \text{km}^2$ 左右的空间范围内展开。因此，我们认为，在单元构建和集成实践中最应该关注街区尺度的减碳单元，这对规划减碳的新理念、新方法的集成运用至关重要。

本书是我们在低碳变革背景下的一次理论开拓与方法探索，源自规划师的责无旁贷。我们抱着严谨、求真的心态，力求内容契合时代诉求、行文深入浅出。同时，这也是我们在城市规划变革时期的一次新尝试，希望有更多同行加入，继续在这片园地上辛勤耕耘，不期修古，不负时代所需。

目　录

序言

前言

第1章　迈向低碳社会的必由之路 ／ 001

　　1.1 气候变化引发新一轮城市危机 ／ 002

　　1.2 "双碳"目标下低碳社会成为破局之策 ／ 010

　　1.3 低碳社会建设下传统的城市规划方法亟须

　　　　变革 ／ 046

　　1.4 探索城市规划新方法：基于三种逻辑的

　　　　视角 ／ 050

　　本章参考文献 ／ 052

第2章　技术逻辑：裂变迭代的绿色低碳技术 ／ 057

　　2.1 能源维度：新能源与能源设施系统变革 ／ 058

　　2.2 建筑维度：低碳建筑与超越建筑 ／ 076

　　2.3 交通维度：更低碳的交通与更宜人的出行 ／ 085

　　2.4 资源维度：新陈代谢与循环利用 ／ 093

　　2.5 智慧维度：定制化与交互性 ／ 111

　　2.6 小结 ／ 115

本章参考文献 / 118

第3章　行为逻辑：技术进化下的生活方式变革 / 125

3.1 居住：人人出力的低碳社区 / 127

3.2 工作：超越传统的工作形式与环境 / 139

3.3 交通：大势所趋的绿色转型 / 145

3.4 消费：选择低碳消费替代产品 / 153

3.5 休憩：享受自然野趣的碳汇乐园 / 159

3.6 小结：关注五大生活场景 / 164

本章参考文献 / 166

第4章　自然逻辑：走向城市即自然的生命共同体 / 169

4.1 古代城市的营城智慧：自然中的城市 / 170

4.2 现代城市的自然回归：城市中的自然 / 178

4.3 未来城市的"重启"：城市即自然 / 182

本章参考文献 / 192

第5章　十大法则：应对低碳社会的城市规划新方法 / 195

5.1 三种视角下的逻辑关系与规划思考 / 196

5.2 建构新方法：制定十大营城法则 / 198

5.3 小结：低碳城市的规划方法集成 / 227

本章参考文献 / 228

第6章 三级减碳单元构建与技术重点 / 229

6.1 面向多尺度：溯源"城区—片区—街区"的"碳"不同 / 230

6.2 基于"城区—片区—街区"的减碳单元三级体系构建 / 235

6.3 三级减碳单元技术重点与关键指标 / 242

第7章 三级减碳单元的减碳集成实践 / 257

7.1 城区减碳单元低碳技术集成实践 / 258

7.2 片区减碳单元低碳技术集成实践 / 267

7.3 街区尺度低碳技术集成实践 / 276

第8章 回归规划初心 / 293

8.1 拥抱变化的未来，从确定性规划转向应对不确定性 / 294

8.2 避免"运动式"减碳，方向比速度更重要 / 295

8.3 回到规划的初心，城市规划是具体为人民服务的工作 / 296

8.4 重新栖居城市，人与自然和谐相处是我们的根本目标 / 298

8.5 凝聚社会共识，推动一场广泛而深刻的系统性变革 / 299

后记 / 301

第 1 章
CHAPTER 1

迈向低碳社会的
必由之路

迈向低碳社会

1.1 气候变化引发新一轮城市危机

据联合国政府间气候变化专门委员会（IPCC）统计，在过去的170年里，伴随着快速城镇化发展，人类活动规模与强度空前增大，大气中的二氧化碳浓度相对于工业革命之前的水平提高了47%，比自然环境下2万年时间能增加的浓度还多[1]。二氧化碳的排放直接造成全球气温显著上升，相较于19世纪末期，全球平均气温已升高超过1.2℃ ①。而气温的普遍升高也只是气候危机的一个方面，对人类生存影响更为严重的还有连锁产生的各类极端天气情况：冰川融化、海平面上升，热浪、洪水、短时强暴雨等"急性"自然灾害更加频繁，干旱等"慢性"自然灾害也日益加剧……

传统的城市危机被定义为城市丧失经济职能、流失核心产业的危机，将导致城市出现空心化，贫穷人口集聚，犯罪率升高，由此产生城市暴乱。而新城市危机的影响因素则更为广泛，包括经济发展中社会不公平的加剧，也包

---

① 数据源自美国国家航空航天局戈达德空间研究所全球地标温度分析 NASA Goddard's Global Surface Temperature Analysis（GISTEMP）.

括气候变化带来的城市安全风险提升等[2]。近年来，科学界及各国政府正在形成更加明确的共识：城镇化和气候变化正逐渐以一种危险的方式交汇在一起，这种交汇所导致的结果有可能对城市的生活环境、经济和社会稳定带来灾难性的后果。全球范围内由于气候变化影响导致的城市安全问题，正逐渐成为新城市危机的根源[3]。应对气候变化已经成为全球城市需要共同面对的重大挑战，从风险管理角度思考城市安全发展，"统筹安全与发展"将是新一轮城市发展的主要方向[4]。

1.1.1 气候变化下城市安全的风险加大

城市作为承载人类居住活动的主要物质空间载体，安全是城市的底线。而由气候变化导致的各类自然灾害，将直接影响到城市中建筑、道路以及排水、能源供给系统等构成的基础设施网络的安全。

气候变化最直接的体现是水安全问题，最主要的表现包括：海平面上升对低海拔沿海地区城市的影响，咸水的涌入和侵蚀，以及地面塌陷或下沉对建筑地基、地下管线等造成严重的损害，危害居民住所。大量降水带来的洪灾和山体滑坡可能直接危及人们的生命，同时造成高速

公路、海港、桥梁和机场跑道等交通基础设施的永久性损
坏，由此带来的长时间服务中断也会极大地影响城市生活
的各个方面。气温升高与降水改变也会对城市供水、水处
理和水输送造成影响，包括酷热天气的频发必然导致城市
用水需求增加，而降水模式的改变造成河水流量下降，地
下水水位下降，咸水入侵等，导致城市的供水安全、水处
理面临更大的挑战。

在农业生产与粮食安全方面，研究表明气温的升高
显著缩短了农作物的生育期，降低了生长速度，气温每上
升1℃，作物产量将降低10%。海平面上升影响海洋生态
系统，引发沿海资源的损失并降低渔业和水产养殖业的生
产率。而作为国民经济发展的基础，农业和渔业所受的负
面冲击将带来一系列蝴蝶效应，包括粮食供应短缺、工业
生产受阻和服务需求萎缩等影响，并有可能传导至通货膨
胀，威胁经济稳定[5]。

气候变化对能源系统的冲击同样不容忽视，主要表现
在需求和供给两方面。需求方面，城市人口与经济增长仍
将保持较高的速度，因此，能源需求难以很快见顶，而持
续的晴热高温天气将造成居民端用电需求激增；供给方
面，随着全球气候变化加剧，此前普遍认为概率小到无须

考虑的，由极端气候引发的事件开始频发，严重影响能源的生产和输送。如风暴和洪水对电力传输基础设施造成损坏和干扰，干旱天气导致全流域水电站缺水，极寒天气导致风电光伏停机等。异常天气的不可预测性已成为影响电力保供和能源安全的重要风险因素，其往往造成极度复杂的故障问题，然而当前全球多数城市尚不具备对其进行预测与防控的能力。

1.1.2 气候变化下城市经济面临的挑战加剧

除威胁城市安全底线以外，气候变化加剧也会让城市经济发展面临更大的挑战。世界银行组织曾从城市GDP的角度评估全球气候变化带来的影响，认为如果对目前人为温室气体的排放不加以限制，那么气候变化的总代价将相当于每年至少失去全球5%的GDP；而如果考虑更广泛的因素，到22世纪初，全球GDP将减少20%[6]。尤其是发展中国家，灾害造成的损失激增，可能引发经济长期萧条。除自然灾害造成直接的经济损失外，气候变化也广泛地影响着城市经济活动的方方面面，包括制造业、旅游业、金融保险业等。

制造业方面，对于需要在露天条件下进行的建筑施工、采矿、油气开采等生产活动，气候的不稳定加剧了作业时人员的伤亡和设施损毁的风险。若工业设施处在沿海或泄洪道等易受灾地区，暴雨、洪灾等极端天气极易造成交通、通信和电力设施故障，导致供应链网络中断，而这将带来更为严重的后果。

在旅游及其相关服务产业方面，气候变化的影响是多重的。首先，气候作为旅游资源条件的一部分，其变化会对旅游地的自然景观造成直接影响，如气候变暖导致雪山景区的雪线上升，景观美学价值受到影响；其次，旅游服务产业高度依赖空港、海港、铁路、道路等交通设施，严重的天气事件和继发的交通延误或取消，会使当地经济遭受严重损失。

在金融业和资本市场中，气候变化导致的各维度损失，增加了风险评估的不确定性，进而增加了金融行业的运行压力。如受极端气候灾害影响的项目和企业，出现不良贷款、股权投资估值下降、保险成本上升、无法获得融资等问题。联合国环境规划署的研究显示，灾害性事件导致的全球经济损失，从20世纪50年代的每年39亿美元增加到90年代的每年400亿美元，增加了9.3倍，同期，这些损失中入保部分也从每年几乎为零增加到每年92亿美元。如果未来灾难事件变得更加频繁，关于高损失事件的不确定性也可能会让保险费的压力直线上升[7]。

1.1.3 气候变化下城市遗产保护的任务加重

气候环境的多变也成为城市文化遗产保护面临的新问题。在2019年雅典举行的一次联合国国际科学大会中，人们清楚地意识到：气候的改变将给世界各地宝贵的手工艺品和文化遗产带来不可逆转的破坏。中国古迹遗址保护协会的有关调查也显示，"在全球变暖背景下，气候变化的总体频率日益加快，这已严重威胁到遗址的长期稳定保存和展示利用。"

海平面上升和极端气候导致洪水频繁发生，给城镇和历史文物的保护工作带来新的挑战。例如，据推测，到2050年，威尼斯这座有着数百年历史的城市将有可能连同圣马可广场等著名建筑一起沉入地中海深处，无数的文物与历史都会随着时间的流逝而烟消云散。因此，从2017年开始，威尼斯政府就出资修建堤坝，以保护这座城市及其历史遗迹。

极端天气给历史遗迹带来的不仅仅是洪水灾害，还有其他多方面的影响。在中国西北地区的汉长城遗址考察过程中，联合国教科文组织国际自然与文化遗产空间技术中心的大量工作表明，在我国西北地区，由于干旱、半干旱的天气，风力和砂岩层之间的交互作用产生了大量的风沙，导致大量的砂岩堆积在距地面几十厘米的地方，严重地磨损和破坏了当地的文物，从而导致该地区的烽燧山遗址被腐蚀成为一个"细颈"的哑铃状。

此外，气候变化也会对文物造成一定的影响，如真菌和微生物，高浓度二氧化碳和酸性粒子，以及地质和水文条件变化，都有可能使得许多本可以陪伴我们行至未来的古代遗珍"匆匆退场"，成为遥远记忆中的吉光片羽。

1.1.4 气候变化下城市居民的公共健康受到威胁

对于城市居民来说，气候变化会改变当地的天气条件，酷热、暴雨等恶劣天气既会降低人们的生活质量，也可能增加疾病传播的风险，造成严重的城市公共健康问题。就高温效应而言，高温使臭氧和空气中其他污染物的水平上升，加剧了心血管和呼吸道疾病的发生率。1995年7月热浪袭击美国芝加哥市，导致514人死亡；2003年夏季，欧洲的高温热浪也导致数万人死亡。气候变化还可能延长疾病传播的时限并改变其地理范围；洪水的频发和严重程度加剧也将污染淡水，影响淡水供应，使人们感染水源性疾病的风险加大，并为蚊虫等携带疾病的昆虫提供繁殖场所。大量的经验表明，在洪涝频发地区，主要通过蚊虫传染的疾病，如疟疾、血吸虫病和登革热等暴发的频率和强度会大幅增加。[8]

除此之外，研究表明，与城市中的其他社会群体相比，贫困人口的生计活动更容易受到气候事件的影响，因为他们的活动主要集中在泄洪道界线以内的非正式居住区[9]。2005年，"卡特里娜"飓风登陆美国新奥尔良，受灾最严重的区域约90%的人是非裔人群，其中近40%的人处于贫困线以下。

越来越多的证据表明，气候变化会给城市的环境安全、经济发展、公共健康等诸多方面带来巨大挑战。虽然不同城市的气候变化风险、承受能力与适应能力各不相同，但在过去几十年时间里，各国逐渐意识到：全球生态系统是一个整体，气候变化的"涟漪效应"是跨国界的，不以人为的主权国家作为分界线，国际社会应携手应对气候变化问题正逐渐成为全球共识。截至2021年底，全球已有136个国家/地区提出碳中和目标。

为实现国际协商约定的国家气候变化承诺，地方行动也必不可少。如何在控制碳排放增长的前提下，继续吸引人才与资本并创造全民友好的社会环境，成为城市发展的核心议题。放眼全球，已有许多城市将全面建设"低碳社会"作为未来新的发展方向，其内涵既包含推动节能减排的技术革命，也包含培育民众的低碳价值观与生活方式、重构城市人工与自然空间发展秩序等多重维度。可以预见，一场广泛而深刻的城市经济社会系统性变革即将在全球范围内掀起浪潮。

1.2 "双碳"目标下低碳社会成为破局之策

1.2.1 国际借鉴：低碳社会的纲领目标与行动举措

气候变化影响下，环境与资源对人类尤其是城市的发展约束日渐突出，世界各个国家和地区纷纷开始主动追求低碳与可持续发展。随着低碳城市、低碳社会等相关概念的涌现，各国政府提出了众多推动低碳发展的宏观政策。2003年，英国就在《能源白皮书》中首次正式提出"低碳经济"概念，希望通过更少的资源消耗和环境污染，获得更多的经济产出，从而实现更高的生活质量[10]。2005年，联合国《京都议定书》生效，作为全球性保护环境的文件，首次以法规的形式要求缔约国限制温室气体排放量。2007年，日本提出"低碳社会"理念，强调需要在各领域减少碳排放，并逐步向高质量社会转变，把保护自然环境作为社会发展的重要追求[11]。随后国际上各个国家和城市也相继提出低碳目标、制定相应方案，其中北欧国家极其重视，实践丰富，逐渐成为欧洲低碳发展转型的先行者，在欧盟实现减排目标的进程中充当重要角色。因此，下文将以英国、日本、丹麦三个国家为案例，阐述各国所构建的低碳社会图景。

（1）英国：低碳目标确立、低碳社会转型计划与立法保障的探索

随着2003年首次提出"低碳经济"的概念，英国发布若干政府文件将低碳经济作为重要的国家发展战略来推行。值得一提的是，其核心不仅仅是解决自身的减排和行业转型问题，还要进一步推动全球范围内的低碳产业与低碳经济发展。2009年，英国政府公布了国家战略文件《英国低碳转型计划》，提出分阶段的减碳目标与分行业的低碳转型举措。为此，英国进一步提出并完善了诸多国际领先且切实可行的政策法规，从政策制度方面有效保障了计划实施，极具参考价值。由此，不难发现英国低碳社会建

设聚焦于低碳目标确立、分行业推动低碳社会转型以及低碳立法保障三方面的探索。

1）确立低碳目标

2003年《能源白皮书》正式提出，到2050年英国将从根本上变成一个低碳经济国家，CO_2的排放量将在1990年基础上削减80%。在此目标基础上，不但要通过发展、应用和输出低碳技术创造新的商机和就业机会，而且要成为世界各国向低碳经济转型发展方面的先导。为此，2009年的《低碳转型计划》进一步明确对可再生能源、核能、碳捕获和储存等能源技术进行投资，使碳排放量到2050年至少减少80%。

2）分行业推进转型计划

英国政府对能源、建筑、交通等重点行业的能源使用状况及节能潜力进行详细评估和定量分析，根据分析结果制定节能降耗目标，并将节能降耗目标分解到各个行业部门。主要包括能源结构调整，建筑节能与社区转型，低碳交通管理，农业、土地及废弃物管理，以及低碳产业发展等方面。

首先是推进能源结构调整。能源行业是英国温室气体排放量最大的行业，占全国总排放量的36%。在减碳目标方面，明确到2050年，英国几乎所有的电能将全部来自可再生能源、核能以及经过碳捕获和封存处理的化石燃料。在减排重点方面，一是要求电力企业必须承担更多的可再生能源义务；二是要求政府增加可再生能源研发领域投资，促进可再生能源发展；三是要推广热电联产技术提高能效①。因此，英国政府从2002开始每年提供5亿英镑用于可再生能源及低碳排放技术的研发，并设立可再生能源部署办公室助推可再生能源发展。具体行动包括三方面：一是加大可再生能源的支持力度，例如将原有的可再生能源法案有效期延长至2037年，以长期支持可再生能源投资，并考虑进一步支持离岸风能发电。二是加强碳捕获和封存相关设施建设，如支持碳捕获和封存技术试点电站建设，并要求所有新建的燃煤电站在限定容量上运用碳捕获和封存技术；一旦在技术和经济上证明该技术可行，要求所有新建燃煤电站全面推广运用。三是加快核能建设，加速新核电站的部署和建设，对核电站废弃停用和废弃物处理等事项提供资金支持[12]。

其次是推动建筑节能与社区转型。建筑和社区是英国

---

① 通常情况下，规模较大的火力发电厂的发电效率往往只有不到40%，而如果在采暖季使用热电联产，热电厂的总效率能够达到80%以上。

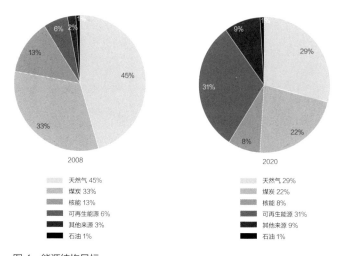

图 1　能源结构目标
资料来源：英国低碳转型计划，英国能源与气候变化部.

第二大温室气体排放源，其CO_2排放量达到总量的27%，其中家庭和社区的碳排放量占到英国总排放量13%。在减碳目标方面，明确家庭和社区将在2050年基本实现零排放。为降低新建建筑物的能耗，英国政府实施更严格的能耗标准体系，并于2010年11月颁布了《可持续住宅标准》，对住宅建设和设计提出了可持续性新规范[13]。该标准对所有房屋节能程度进行"绿色评级"，划分A-G共七个级别，其中A级房屋节能效果最佳，并予以颁发相应的节能证书。政府还设立了"绿色住家服务中心"，免费为F级或G级住房者提供改进房屋能源效率的相关方案。为推动建筑节能，主要采取以下四个方面的措施。一是提高家庭节能标准，要求新建住宅按较高的环保标准进行建造，从而达到2016年开始实施的"零排放住宅"的标准；同时对既有住宅，要求在住房出租广告中提供其能耗表现证书等级相关信息，使租住者对该住宅的能耗有更清晰的认知。二是支持社区低碳转型，如推进"绿色家园"项目，设立15个乡村、城镇或城市作为绿色倡议行动中的先行试验区。三是改善家庭节能状况，一方面政府投资了32亿英镑并延长能源供应方义务期至2012年底，敦促能源供应方履行更多义务；另一方面，为每户家庭安装智能电表或对现有电表增加智能化显示设备，提供更准确详细的节能信息与能源消费状况。四是降低居民低碳转型成本，如推动"按节约数目付费"计划，按能源账单核算节省的能源消费金额，抵消本需预付的改造成本，支持居民对房屋进行全面的低碳改造；同时引入"清洁能源现金返还"机制，如果居民通过使用清洁能源实现供热供电，可得到来自政府的现金补贴，与之类似的还有可再生能源供热激励计划等政策。

再次是制定低碳交通运行与管理制度。交通系统碳排放量约占总量的1/5，按计划交通系统的碳排放量将在

2050 年基本实现零排放。为此，英国采取了以下措施。
一是支持低碳交通工具和清洁燃料发展，起步试运行 340
辆新型电力低碳汽车，并从 2011 年开始，为低碳汽车提
供每辆 2000 至 5000 英镑不等的政府补贴，以降低汽车售
价。二是鼓励旅客选择低碳出行，官方发起英国首个可持
续出行城市的竞赛，并资助比赛 2900 万英镑；在 2008 年
至 2011 年间，为"骑行英国"项目累计投资 1.4 亿英镑，
以促使人们更多地选择骑自行车出行，并为增加火车站内
的自行车存放点额外投资 500 万英镑。三是提高新增传统
交通工具的燃料效率、控制尾气排放，政府部门及其机构
新采购的行政用途车辆在 2011 年，提前 4 年达到欧盟原定
于 2015 年实现的尾气排放标准，实现政府率先示范作用；
并在 2010 年和 2011 年均向低碳巴士技术投资 3000 万英
镑，生产数百辆低碳巴士；同时，英国政府向欧盟委员
会施压，要求货车在能源使用上更有效率，为货车制定专
门的排放标准。四是要求国际航空和海运减少碳排放，计
划大幅降低英国航空业碳排放水平，实现其在 2050 年的
排放量降至 2005 年的水平以下的目标；自 2012 年开始，
英国将所有从欧盟机场起降的航班纳入欧盟碳排放交易制
度，并积极推动削减国际航空、海运所产生的碳排放。

最后是进行农业、土地使用及废弃物管理。农业、土地使用变更以及废弃物所产生的碳排放量占到总碳排放量的11%，且约有相当于370亿吨的二氧化碳已固化储存在自然环境中，开展严格有效的土地使用管理可以防止已经固化的二氧化碳再次进入大气。英国采取的措施包括：支持厌氧消化技术发展，实现废弃物和粪便向可再生能源转化；减少掩埋垃圾的数量，并采用更有效的措施来捕获掩埋废弃物产生的碳排放；鼓励私人资金来创建林地，增加森林碳储存量；鼓励农民在减少碳排放上采取行动。

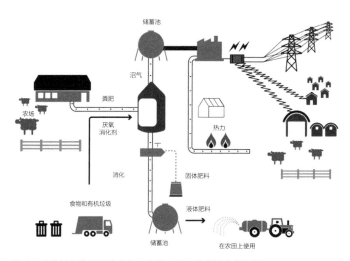

图2 废物转化为可再生电力、热能和用于农业的生物肥料

资料来源：The UK Low Carbon Transition Plan National strategy for climate and energy

此外，英国注重将低碳金融服务与低碳产业发展相结合。随着社会整体趋向低碳模式，低碳产业在全球范围内迅速成长，每年的市场规模已经达到了3万亿英镑，英国国内也达到了1060亿英镑。为推动英国成为世界低碳产业和绿色经济的中心，英国政府为强化自己的低碳技术与资本的支配地位，提供资金支持其处于优势地位的低碳行业和技术的革新与投资，具体包括在离岸风能领域投资1.2亿英镑，谋求在新型离岸风能设施制造领域和新一代离岸风能技术方面的突破；在潜在深层地热能源领域投资600万英镑，用于满足电力需求；在波浪能和潮汐能领域投资6000万英镑，以巩固英国作为该领域全球领导者的地位；在制造业咨询服务领域投资400万英镑，为制造业主，甚至民用核工业供应商等，提供更详尽的专业建议，助力其在全球减碳要求背景下的商业竞争中胜出；如投资建立先进核能制造研究中心，将高校院所的科研能力与核能制造企业的经验知识、探索实践和专业技能结合在一起，实现核工业的突破。在投资重点领域之余，英国政府对低碳交通工具、智能电网和可再生建筑材料等方面也提供资金支持。城市和区域层面，政府有意将英格兰的西南部发展成为英国第一个低碳经济地带；伦敦政府注重提升伦敦低碳金融服务行业的盈利水平，包括并不限于为新兴低碳企业提供多种融资方式、为机构投资者畅通投资低碳企业的渠道，为早期风险投资者提供退出渠道，为低碳技术的商业化提供碳金融等服务平台。

3）加强政策立法保障与生活方式引导

出于减少环境污染的考虑，英国从2001年开始征收气候税，成为首个征收气候税的国家，并同时推出了配套措施，整体取得了令人非常满意的成效。2008年，英国颁布了《气候变化法案》，成为全球首个为温室气体减排立法的国家；并为了保障达成目标，成立了相应的能源与气候变化部。2009年4月，英国又成为首个立法约束"碳预算"的国家[14]。

在发展低碳经济上升为国家重大战略的背景下，英国于2008年依法成立"气候变化委员会"，负责制定减排方案和监督实施，制定了一系列推动低碳发展的具体政策、措施和法律。在财政方面，碳预算管理全面纳入经济社会活动，对低碳生产和低碳生活项目予以财政补贴，如安装使用太阳能电池板的住房，每年可获至少800英镑奖励，并可以在能源账单上节省约140英镑；亦如，对新能源汽车提供每辆2000～5000英镑的补贴，对购买和使用节能电器和电子产品给予补贴。在税收方面，重点推行气候变化税，实际为一种能源使用税，对不同能源品种按其能源当量而不是碳排放当量确定相应税率，使用电热联产和可再生能源均可减免税收。英国还利用融资推动低碳社会建设，如英国绿色投资银行发放针对低碳能源项目的贷款。总体而言，英国通过立法和系列政策促进了生产方式和生活方式的转型。

另外，英国政府以多种方式普及低碳社会建设的信息与知识，提供针对性的意见和指引，从而循序渐进地改变英国人的生活方式。尤其重视在公共场所宣传低碳生活，市民在广场和街头经常可以收到"低碳生活"的宣传册，以及各种各样帮居民算经济账的低碳生活公益宣传广告，例如告诉市民每更换一节能灯每年能省60英镑。同时，一个名为"低碳俱乐部"网站为市民提供CO_2排放量计算器，市民只要输入交通里程、用油、用电量，就能计算自身碳排量；网站还会告知为抵消这些CO_2需要种植多少棵树。通过在日常生活中的潜移默化，促使民众改变传统的高碳生活方式，引导越来越多的英国人加入"低碳一族"[15]。

4）基于减碳成效评估，提出2050"零碳未来"新目标

2020年，英国政府继2003版、2007版后，发布第三版能源白皮书，书名为"Powering our Net Zero Future"（为零碳未来提供动力），阐述了英国政府在能源领域的进程及其在应对气候变化方面的成就。报告指出，1990年至2018年间，英国碳排放量下降了43%，超额完成2020年下降34%的目标，同时GDP增长了75%；且2000年以来英国的脱碳速度比其他G20国家都快。由于主要能源顺利从煤炭转向天然气和可再生能源，以及核能的持续贡献，2019年英国发电产生的温室气体排放量较2018年下降了13%，较1990年下降了72%。未来30年能源系统的脱碳意味着可再生能源、核能和氢能等清洁能源将进一步取代化石燃料。商务、能源与产业战略大臣阿洛克·夏尔马（Alok Sharma）将这份文件描述为"我们从依赖化石燃料转向清洁能源的决定性和永久性转变"。

2020版能源白皮书提出了四个新声明。一是支持经济绿色复苏，在未来10年支持多达22万个就业岗位；到2030年停止销售新的汽油和柴油汽车，新建40 GW的新海上风电，以及为英国居民提供30亿英镑的家庭能效改善资金。二是重新表明了关于核能的立场，由于2050年低成本、低排放的电力系统需要额外核能，而大部分核电站在未来10年内将退役，政府将为大型核电站融资筹集足够的私人资本。三是承诺大幅提升电气化水平，包括"在21世纪30年代实现压倒性的脱碳电力系统"，并宣布将淘汰煤电的日期从2025年提前到2024年。四是确认英国将从2021年1月1日起拥有本国的排放交易体系（UK ETS），以取代目前的欧盟碳交易市场；该体系被白皮书称为"世界上第一个净零碳排放限额和交易市场"，其允许的排放上限将比欧盟体系降低5%[16]。

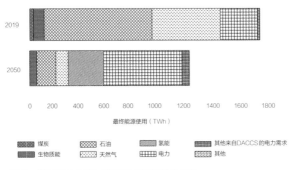

图3　英国2019年与2050年能源使用示例

资料来源：英国政府能源白皮书：为零碳未来提供动力.

（2）日本：全方位推动《建设低碳社会行动计划》

自从英国提出"低碳经济"概念，向低碳经济转型成为世界经济发展的大趋势，日本也开始对低碳社会进行探索研究。日本环境大臣咨询机构"中央环境审议会"提出，低碳社会的基本理念是争取将温室气体排放量控制在能被自然吸收的范围之内，为此，需要摆脱以往大量生产、大量消费又大量废弃的社会经济运行模式[17]。因此，日本低碳社会建设的特色是联合政府和学者展开全方位的研究，先后提出《面向低碳社会的12项行动计划》《建设低碳社会行动计划》，并完善相应的政策与制度，以推进实施。

1）覆盖全面：推出《面向低碳社会的12项行动计划》

日本环境省从2004年开始组织相关领域的专家对低碳社会的发展目标和相应的政策措施进行研究，相继开展了"日本低碳社会情景：2050年的CO_2排放在1990年水平上减少70%的可行性研究"（2007年2月）[18]、"面向低碳社会的12项行动计划"（2008年5月）等研究，逐步明晰了日本建设低碳社会的目标和三大关注重点。其中，三大关注重点分别为实现最低限度的碳排放、实现富足而简朴的生活、实现与自然和谐共生。这意味着低碳社会涵盖了从生产方式到生活方式的全面变革。

《面向低碳社会的12项行动计划》是"日本低碳社会情景"项目组形成的综合研究报告，面向2050年的CO_2排放量较1990年降低70%减排目标，提出了相应的行动指南。这12项行动之间紧密联系，需要政府展现强领导

力，统合中央、地方政府、商业团体、非政府组织和其他

团体等不同主体，共同创建低碳社会[19]。

《面向低碳社会的12项行动》　　表1-1

行动方案	减碳策略	关键指标
1.舒适和环保的建筑	设计有效利用太阳能且能源利用效率高的智能建筑	住房部门：56～48Mt（公制）碳
2.节能设备的合理使用	使用符合"领跑者"计划的产品与合适的节能设备，建立以租赁服务为核心的产品消费模式，降低使用节能设备的成本，提高节能设备的利用率	
3.支持当地时令农业食品	为本地居民提供当地安全、低碳的时令食物	工业部门：30～35Mt（公制）碳
4.环保建筑材料	使用当地可重复利用的建筑材料	
5.注重环保的工商业	建立并发展低碳商业，通过采用节能的生产系统提供低碳和高质量的产品与服务	
6.快捷、畅通的物流	在完善的交通设施与信息通信技术的支持下，实现物流系统与网络的全面结合	运输部门：44～45Mt（公制）碳
7.合理的城市设计	通过高效的公共交通系统，制订与实施适合步行、自行车出行的城市规划	
8.低碳电力	通过大规模发展可再生能源、核能并使用碳捕捉与存储技术，提供低碳电力	能源转换部门：95～81Mt（公制）碳
9.可再生资源的本地化	对当地的可再生资源进行有效利用，如太阳能、风能、生物能和其他可再生能源	
10.新一代燃料	发展氢燃料与生物燃料	
11.通过产品的碳排放标记引导合理消费，支持低碳产品	通过产品的碳排放标记及公开产品能源消耗和二氧化碳排放量信息，引导消费者合理消费，宣传低碳消费理念	各部门混合
12.建设低碳社会的领导阶层	为实现低碳社会而培养人才，将为实现低碳社会做出非凡的贡献	

资料来源：鲍健强，王学谦，叶瑞克，等.日本构建低碳社会的目标、方法与路研究[J].中国科技论坛，2013（07）：136-143.

注：每个部门的减排量根据情景A和情景B分别计算。

日本2050年的两种社会经济情景	表1-2
情景A：科技驱动型社会	情景B：自然引导型社会
人口与资金集中在城市	人口与资金分散
技术突破，集中生产，重复利用	自给自足，当地生产，当地消费
舒适和方便的生活方式	强调社会文化价值的生活方式
人均GDP的年增长率为2%	人均GDP的年增长率为1%

资料来源：Japan Scenarios and Actions towards Low-Carbon Societies

2）方案确立：根据"福田蓝图"制定《建设低碳社会行动计划》

在扎实系统研究基础上，日本低碳社会的建设思路已趋于明朗。2008年6月，时任日本首相福田康夫以政府名义发表了题为《低碳社会与日本》的低碳革命宣言，即"福田蓝图"，这是日本低碳战略形成的正式标志。同年7月，日本内阁通过了《建设低碳社会行动计划》，该计划依据"福田蓝图"制定，强调日本建设低碳社会的四大重点领域。

第一个是低碳化的产业引导。日本政府一直致力于低碳产业的发展，一系列节能减排技术的创新和应用是实现低碳社会的关键环节。"福田蓝图"的提出也源于希望通过发展低碳产业来促进新一轮经济增长，增加就业机会。因此，日本特别强调低碳社会建设中的技术创新，并希望以此保持其在环境和能源领域的技术领先地位，引领世界低碳技术前进的方向。2009年4月，日本政府正式提出一项总金额为1 540亿美元的经济刺激计划，其中低碳产业相关支出达到160亿美元，包括了推广太阳能发电、电动汽车及节能电器等。2010年5月，为增加低碳产业的就业机会，日本进一步完善"低碳型创造就业产业补助金"制度，把每年补助总额从300亿日元提高到1 000亿日元[20]。在这些激励政策的支持下，日本企业逐步掌握先进的环境友好技术、节能减排技术、新能源技术、清洁生产技术、低碳船舶技术、碳捕获和封存（CCS）技术等。为实现2030年中期目标和2050年长期目标，政府与企业还联手致力于人才培养和基础研究，侧重于研发环境、能源领域的新技术及新产品。同时，日本政府和企业各有侧重点，政府重点扶持研发风险高的环保技术和高效减排技术，而企业则主导实用性技术研发。

第二个是进行能源结构转型。日本长期依赖石油进口，先后经历过两次石油危机，因此，历届政府均关注石油替代能源开发及其普及推广。日本的新能源政策可大致分为两类，一类是促进对石油替代能源的开发和普及，相关政策建立在《关于促进石油替代能源开发与普及法律》基础之上；另一类则超越石油替代能源开发普及目标，旨在促进新能源的开发和普及，并提出确保新能源产业国际竞争力的新目标，相关政策建立在《关于促进新能源利用的特别措施法》（1997年试行）的基础之上。重点关注四种能源类型，一是大力支持太阳能发电，目标是到2050年太阳能发电量提高至2005年的120～140倍。二是采取措施挖掘地热潜力。位于环太平洋活火山带的日本拥有近200座火山和大约2.8万口温泉，是全球地热资源最丰富的国家之一。根据专家预测，日本的地热可以满足全国50%的电力需求，结合先进的地热系统技术将会更大限度地挖掘地热潜能。三是进一步开发风能，官方设定到2030年风力发电量为2万兆瓦。四是提升传统的水力发电，2008年日本水力发电量为912亿kWh，被认为仍有较大的发展空间。

第三个是发展低碳交通。战略方面主要包括两点：一是打造有效的运输管理系统，包括提升产品物流管理及最优路径选择功能，通过提高负载效率减少货物的运输。二是减少需求，同时提高交通工具能效。一方面通过发展紧凑城市，减少出行需求、缩短平均路程；另一方面进行交通工具的技术革新，包括混合动力或电动交通工具技术的突破、空气阻力设计的改进、混合动力引擎装置的研发等。具体措施方面主要包括三点：一是汽车厂商实施贯彻"领跑者"标准，提高产品制造的能源使用效率；二是推广使用VICS①、ETC②等智能交通技术，提高车辆行驶速度，进而提高燃油效率；三是对新能源、环保车辆实行税收减免政策，免除新能源汽车的重量税和购置税，且使用税只征收50%【21】。

第四个是推广低碳建筑。日本决定在2020—2030年实现所有新建住宅"零排放"计划，每户的能源需求降低大约40%（相对于2000年的水平而言），非居住楼层每单位面积上的能源需求也会减少40%【22】。同时，新建建筑应该为低碳建筑，按照日本建筑学会（AIJ）对低碳建筑的定义，低碳建筑"整个建筑物生命周期贯穿着节能减排的

① Vehicle Information and Communication System，即道路交通信息通信系统。是由日本的一般财团法人道路交通信息通信系统中心（即VICS中心），将其收集、处理、编辑的文字、图形形式的道路交通信息，以通信、广播媒介的方式向车载导航系统等车载设备传送的通信系统。通过该系统，驾驶者可以在车载导航上不通过网络随时查询各种交通堵塞、事故、故障车辆、施工信息、限速、车道限制、停车场位置、服务区空余车位信息等。
② Electronic Toll Collection，即电子不停车收费技术。

设计理念、建筑材料回收利用并减少有害物质的排放，与当地的气候、传统、文化和周围环境相协调，并能维持和提高人们的生活质量"[23]。低碳建筑主要技术包括自然能源利用，高隔热住房、屋顶绿化建设等，其中，对风能和太阳能等自然资源的充分利用是日本低碳建筑的主要特点，可以根据各个地区的天气条件，充分利用阳光和自然风。此外，日本低碳建筑还考虑了建筑的结构强度、抗震能力，以及设备的更新和性能的灵活性等因素。

3）制定低碳社会相关的各类政策法案

日本的低碳政策法案制定分为两个时期。一是准备期，对某个单一维度制定了一系列政策法案。早在1974年，日本实施的"阳光计划"就规定：政府对居民屋顶以发电为目的的光伏系统的初始补贴率为70%。从1979年开始，日本政府又相继出台了《节约能源法》《地球温暖化对策促进法》《合理用能及再生资源利用法》《绿色采购法》等。

二是确定期，以2009年《推进低碳社会建设基本法案》颁布为分界点，此后综合性政策或法案居多。2009年，《推进低碳社会建设基本法案》公之于世，让"福田蓝图"有法可依。2010年《气候变暖对策基本法案》出台，要求日本2020年碳排放量要比1990年减少25%，2050年要比1990年减少80%，并指出要在核电、可再生能源、交通运输、技术开发、国际合作等方面，采取一系列措施，以推动碳减排。此后，日本又推出《低碳城市法》《战略能源计划》《全球变暖对策计划》等多项政策法规，以新能源创新为主线，推动各部门低碳发展[24]。

4）全民参加低碳行动及终身学习

日本政府要求构建低碳社会首先从政府做起，企业、国民都要积极参与。一方面，通过与地区社会团体、市民、企业等广泛开展国民节能环保运动，增强国民环保意识，使每一个人都关注地球环境和全球变暖问题，例如，通过非政府组织等的团体活动进行环境教育，引进"低碳社会终身学习制度"；另一方面，通过社会援助团体提供环境建议和信息，及时援助政府和非政府组织的多种环保活动，例如为共同体基金提供政策咨询服务，对各区域国民的环保活动给予物质奖励，加强产官学网络沟通等。

日本政府重视每一位国民的作用，希望让国民理解减排的意义、重要性及正确做法。由于低碳的生活方式涉及国民日常生活的方方面面，要从根本上改变国民的生活方式，引导国民在衣、食、住、行、教育等各方面落实低碳生活理念。例如，利用"环保积分制度"（Eco-point）普及节能家电。自 2009 年 5 月起，为普及环保节能家电，日本政府对购买高效节能家电（节能等级四星以上的空调、冰箱、电视）的顾客，奖励"环保积分"，可兑换相当于购物价格 4% 的各种商品[25]。

（3）丹麦：实施人文引导的低碳社会战略

在 20 世纪 70 年代以前，丹麦的能源自给率非常低，约 93% 的能源消费依赖进口。随后遭遇两次世界石油危机，这个北欧国家逐渐意识到保证能源自给率的重要性。因此，丹麦努力推动能源消费结构从"依赖型"向"自力型"转变[26]。从 1980 年起，丹麦根据本国国情，着手制定了新的能源发展战略，并把低碳发展上升至国家战略高度，并开始大力推进零碳经济发展。分析丹麦的低碳社会建设经验，可以看到，除了常规的明确低碳目标、立法推进、制定各行业减碳举措外，丹麦还格外强调利用社会力量，用内生文化理念引导全社会向低碳发展转型。丹麦低碳社会的实践充分证明，GDP 的稳步增长和人民生活水平的持续提高，并不意味着能源消耗的增加。

1）明确目标并立法推进

绿色发展在丹麦已经成为举国共识，这为推进能源绿色转型、保障能源安全奠定了基础。在推进低碳社会发展过程中，丹麦根据形势变化，适时更新并调整低碳转型目标和策略，并形成立法保障。2009年，丹麦制订了到2050年完全摆脱化石能源消费的目标，并通过立法来巩固既定目标和政策的实施。2018年，丹麦制定《新丹麦能源协议》，重申了丹麦2030年实现气候和能源目标、2050年摆脱化石能源目标，以及履行联合国可持续发展目标的义务。1993年以来，丹麦持续进行环境税收改革，逐渐形成以能源税为核心，涉及废水、垃圾、塑料袋等16个税种的环境税收体制，并先后颁布了《可再生能源利用法案》《住房节能法案》《供电法案》《供热法案》《能源节约法》，保障并推动了丹麦的低碳发展，尤其是在"绿色能源战略"和"降低建筑能耗"两大方面成效显著[27]。

2）发挥社会力量：教育宣传与"Hygge文化"

公私部门和社会各界的有效合作是丹麦低碳发展的根基。丹麦大型低碳项目的建设过程中，通常会广泛而有效地融合两股力量，将自上而下的政策推动和自下而上的民间商业解决方案相结合，保证了公益目标的高效实现。

这种民间广泛参与的背后是整个社会低碳教育的成功。丹麦十分重视教育和宣传的作用，丹麦能源局制作并播放家庭节能节电的电视宣传片，形象地向居民宣传节能节电理念。每座城市都利用电视台和网站不断地向市民宣传垃圾回收知识，并组织学生到自己城市的垃圾处理厂现场实习，获得各类垃圾循环利用和绿色处理技术，增强人们节能环保观念和对实用技术的了解。政府联合学校和教育机构举办各种宣传低碳和气候问题的夏令营或学习班，激发青年学生低碳创新的热情和聪明才智。萨姆索岛的儿童教育也有很多涉及风电和新能源发展的内容，从小就给儿童树立发展新能源的意识；哥本哈根商学院每间教室的门口都有新能源赞助企业的名字。此外，低碳生活的宣传广告在丹麦也十分常见，不仅在广场、街头、车站、车辆上，甚至人们穿的服装上都印有宣传低碳生活的广告和图案。

比起广泛的低碳技术应用和宣传推广，深植丹麦每个人心中的"Hygge文化"① 对丹麦低碳社会迅速取得成效发挥了积极作用。"Hygge文化"即一种营造美好氛围的心态，希望花更多时间享受生活、与重要的人相处，是丹麦人对生活的理想态度。因此，丹麦民众的这种心态需要令

---

① Hygge为丹麦语单词，发音为 'hoo-gah'，译为"安详、舒适、惬意"。

人放松的自然环境，也促成了低碳交通，更加深了丹麦人对环境永续的追求。民众自愿谨慎地对待可再生能源、水资源管理、废弃物回收等议题，监督政府制定更进一步的绿色转型目标，从而为未来营造更美好的生活。

3）多部门转型发展

2011年2月，丹麦政府发布了《能源战略2050》，提出"实现国家能源至2050年完全摆脱对化石燃料依赖"的长期目标及各项配套政策措施，明确2050年碳排放水平较1990年减少80%～90%[28]。

推动能源转型。丹麦将节能和提高能效作为第一能源政策，以此为核心的能源转型之路还催生了庞大的绿色产业链，比如建立以建筑节能为核心的区域能源系统，有效实现了占全国总能耗40%的建筑领域节能。此外，丹麦也重视发展可再生能源，不仅大力发展风能、光伏太阳能，还将生活垃圾、秸秆、沼气等作为可再生能源的组成部分。

降低建筑能耗。例如，由于建筑能耗在哥本哈根总能源消耗中占比最大。因此，哥本哈根在降低建筑能耗上不遗余力，不仅设立十分严格的建筑建材标准，还运用一系列措施大力推广节能建筑。20世纪70年代中后期，丹麦

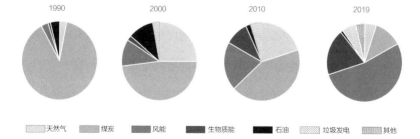

| | 天然气 | | 煤炭 | | 风能 | | 生物质能 | | 石油 | | 垃圾发电 | | 其他 |

图 4　丹麦能源转型过程

资料来源：Thibault Menu / IFRI，Denmark A Case Study for a Climate-Neutral Enrope

相继颁布了《供电法案》和《供热法案》，80年代又通过了《可再生能源利用法案》和《住房节能法案》，2000年出台《能源节约法》。这一系列法案设置的减排目标及举措，在哥本哈根得到很好的实施。

倡导低碳出行方式。哥本哈根绿色出行交通策略主要包括以下三点：一是支持自行车优先。1980年，哥本哈根政府通过了第一个自行车网络规划；1997年出台了《交通与环境规划》，提出大力发展自行车和公共交通的目标；2000年颁布了《自行车道路优先计划》；2007年，在《生态都市》发展纲领中，号召将哥本哈根建设成"世界自行车最佳城市"。近年来，哥本哈根政府对自行车设施的直接投资达1 250万美元。二是坚持公交引导开发（TOD）与有机更新。哥本哈根努力构建环境友好型现代交通模式，交通运输系统建设发展要求兼顾现代性、多样化、流动性。三是限制小汽车发展。通过税收等手段限制小汽车的拥有量，如私人小汽车税款是购车费用的3倍多；同时，哥本哈根政府坚持每年减少2%～3%的停车位，并组合利用提高停车费与减少停车位的政策。

（4）小结：建设低碳社会的国际启示

低碳社会的建设需要统筹推进低碳技术应用与生活方式变革。低碳技术的应用对于建设低碳社会至关重要，其中包括利用可再生能源、提高能源效率，以及推动清洁能源交通发展等。同时，倡导和实践低碳生活方式也至关重要，这意味着我们须改变日常生活行为和习惯，如减少能源浪费，合理利用照明、空调和电气设备等。唯有将政府引导、技术发展、个人行为引导相结合，才能为未来创造一个洁净、繁荣且可持续的社会。

1）在低碳技术应用方面，聚焦能源、交通、建筑等多部门转型发展

总结英国、日本、丹麦等国低碳社会建设的经验，可以看到，技术逻辑是低碳转型的根基，只有聚焦能源结构供给的调整，交通、建筑等能源消费端的低碳转型，产业、资源、固碳等方面新型减碳技术的突破，才能实现低

碳发展的目标。

关注技术创新，并推动低碳产业发展。日本强调低碳转型中的技术创新，通过资金补助与制度保障，大力支持环保技术和高效减排技术发展。因此，其新能源技术、低碳船舶技术、碳捕获和储存等新兴技术产业都处于世界领先地位，为其低碳社会建设夯实基础。英国同样强调技术创新，包括对离岸风能发电、智能电网及波浪能、潮汐能等可再生能源技术进行资金支持。同时，英国还制定了打造低碳经济国家的目标，将自身应用成熟的低碳技术对外输出，创造新的商机与就业机会，成为世界各国低碳转型的先导。

以能源维度为转型基础，强调多样可再生能源供给与能效提升，包括推广可再生能源应用、提高能效和控制能源需求。例如，日本致力于石油替代能源开发，大力支持太阳能、地热、风能和地热能。在布里斯托市的《气候保护与可持续能源战略行动计划2004/6》中，控制碳排放的重点在于更有效的能源利用，包括减少不必要的能源需求、提高能源利用效率、应用可再生能源等[29]。

关注能源消费端的低碳转型，侧重交通维度的绿色出行、建筑维度的节能转型等。如英国在《今天的行动保护明天：市长的气候变化行动计划》中专门指出，存量住宅是伦敦最主要的碳排放部门（占全市碳排放总量的40%），提出通过节能灯泡、节能炉具等有效减少碳排放。日本低碳社会强调所有部门共同参与原则，将交通、住宅、工业、消费行为、林业与农业、土地与城市形态等作为重点领域。

2）在生活方式变革方面，聚焦内在价值引导与生活场景营造

在低碳技术之外，低碳社会更重要的是一种社会生产、生活方式和价值理念的转变，在构建低碳社会时，需要针对城市所特有的居民生活行为和文化特征，因时、因地制宜地构建符合居民生活消费方式和意愿的低碳生活方式，营造衣、食、住、行各个领域的低碳生活场景。

注重内在价值引导与教育宣传，将低碳作为一种文化理念融入社会发展与教育体系，由内向外地促进低碳社会的转型与发展。例如，丹麦以自身特有的"Hygge文化"为根基，通过内生驱动力强调绿色永续的社会，通过更舒适、更美好的生活品质追求，潜移默化地促进人们对绿色低碳的参与和转型。同时，重视教育和宣传作用，典型的经验是各类学校都把低碳和气候问题写入教学大纲。

营造低碳生活场景，为居民提供可选择的绿色生活方

式与产品。例如，提供健康且新奇的低碳食品、由可回收材料及低碳工艺制作的衣物，随处都有的二手产品回收点与购物市场，电气化的节能家居，便捷可达的绿色公共出行网络等。通过对日常生活中的产品和设施进行变革，潜移默化地引导人们养成低碳行为习惯。

强调政策支撑和公共治理手段并重。政府不仅需要构建引导低碳生活的法律、法规、规章等政策支撑体系，完善鼓励低碳生活的城市规划、政策和管理体系。还需要有意识地发挥引导和示范作用，综合运用财政投入、宣传激励、规划建设等手段鼓励企业和市民主动参与低碳社会建设。

国际低碳社会关键维度总结　　　　　　　　　　表1-3

维度		英国	日本	丹麦
技术维度	低碳产业技术	新能源技术、高效减排技术、碳捕获和储存技术等	可再生能源技术，如离岸风能发电、智能电网及波浪能、潮汐能等	绿色能源技术，如热电联产、工业化沼气、风电
	低碳能源	支持太阳能、地热、风能和地热能	支持风能、核能发展，通过热电联产提高能效	提高能效的区域能源系统及风能、太阳能等
	低碳建筑	新建住宅"零排放"计划	存量住宅低碳一揽子计划	住房节能法案
	低碳交通	下一代智能交通	低碳交通工具和清洁燃料	电动和生物质能交通

维度		英国	日本	丹麦
社会维度	生活场景	环保积分制度、低碳社会终身学习制度	低碳俱乐部、低碳公益广告	家庭节能节电电视片、自行车王国
	价值引导	富足、简朴、与自然和谐的生活方式变革	"低碳生活"小册子	绿色永续，更舒适、更美好的生活品质
	政策治理	奖金、规章、经济手段等制度设施	地方政府碳管理计划、气候变化税	高税能源的使用政策、环境税体制

资料来源：作者根据前文资料整理

1.2.2 国内起步：城市纷纷响应低碳社会建设

2007年，党的十七大报告明确提出"建设生态文明"，同年11月，我国第一个生态城项目——天津中新生态城正式落户于天津滨海新区。2008年我国低碳城市建设正式起步，住房和城乡建设部联合世界自然基金会（WWF）在上海和保定两市率先发起"低碳城市发展"倡议。2010年，国家发展和改革委员会选取了天津、重庆、深圳等8个城市启动了首批低碳城市试点，开始了我国城市低碳工作的探索性实践。2020年9月，我国郑重向世界宣布，中国将力争2030年前实现碳达峰、2060年前实现碳中和。各部委相继制定了引导各领域绿色低碳转型的工作实施方案，江西、山东、广东、重庆等多个省市也纷纷出台"应对气候变化"的"十四五"规划,探索"双碳"目标的实施路径。

纵观我国低碳城市建设的发展历程,试点地区重点聚焦在能源、建筑、交通、工业等工程技术领域,在推动减碳技术的创新突破与规模化应用方面已取得不错的成效。同时各地也十分关注规划政策的制定,将低碳理念融入各地的发展规划体系中,分解减碳任务并提出绿色产业发展指引。但英国、日本、丹麦等国家更注重引导社会多元主体的低碳行为方式,并从空间治理、价值观宣传、生活场景营造等多维角度构建低碳社会,对比之下,我国尚未建立低碳社会的建设框架,对绿色生活减碳的价值认知不足,低碳生活方式的引导尚处于部分社会组织自发倡议阶段,缺少制度设计与实质性推动。

(1)起步阶段:全国各地设立试点

2008年开始,住房和城乡建设部与世界自然基金会(WWF)在上海和保定两市联合推出低碳城市项目试点,试图在建筑节能、可再生能源使用、节能产品制造与应用等领域寻求低碳发展的解决方案[30]。以保定市为例,提出打造"太阳城"模式,在全市范围引入、推广和应用太阳能产品,从城市生态环境建设、低碳社区建设、低碳交通体系构建等方面入手，创建低碳城市。2010年，《国家发展和改革委关于开展低碳省区和低碳城市试点工作的通知》(发改气候〔2010〕1587号)颁布，确定广东、辽宁、湖北、陕西、云南五省和天津、重庆、深圳、厦门、杭州、南昌、贵阳、保定八市为我国第一批国家低碳试点省市。此后2012—2017年，住房和城乡建设部先后批复了19个"绿色生态示范城区"，国家发展和改革委员会也先后公布了第二批、第三批低碳城市试点名单，至2022年我国低碳试点城市已涵盖了81个城市(区、县)。根据生态环境部《国家低碳城市试点工作进展评估报告》(2023年)，95%的试点城市碳排放强度显著下降，38%的试点城市碳排放总量稳中有降，其中北京、深圳、烟台、潍坊、衢州、常州、重庆、上海、济南、赣州在年度评估中位列前10。

(2)全面推动阶段：应对气候变化的政策文件与发展规划陆续出台

"双碳"目标提出后，政府开始陆续出台一系列政策文件与行动方案。中央层面，采用"1+N"的政策体系推进碳达峰碳中和工作，"1"指一个顶层设计文件，即《中共中央国务院关于完整准确全面贯彻新发展理念做好碳达峰碳中和工作的意见》；"N"包括《2030年前碳达峰行动方案》，能源、工业、交通运输、城乡建设等分领域、分行业碳达峰实施方案，以及科技支撑、能源保障、碳汇能力、财政金融价格政策、标准计量体系、督察考核等保障方案。

在部委层面，各部委密集发布各领域专题规划或实施方案，交通运输部首发强调"绿色交通节能降碳"的《绿色交通"十四五"发展规划》（交规划发〔2021〕104号），工业和信息化部发布了关注"减污降碳协同增效"的《"十四五"工业绿色发展规划》（工信部规〔2021〕178号），国家发展改革委、国家能源局发布《"十四五"现代能源体系规划》（发改能源〔2022〕210号），住房和城乡建设部发布提倡"绿色、低碳、循环"的《"十四五"建筑节能与绿色建筑发展规划》（建标〔2022〕24号）。2022年5月，国务院办公厅转发国家发展改革委、国家能源局发布了《关于促进新时代新能源高质量发展的实施方案》（国办函〔2022〕39号）；随后，住房和城乡建设部、国家发展改革委联合发布了《城乡建设领域碳达峰实施方案》（建标〔2022〕53号），工业和信息化部、国家发展改革委、生态环境部印发《工业领域碳达峰实施方案》（工信部联节〔2022〕88号）等。

地方层面，随着政策体系持续完善，各省、市也陆续出台了行动方案。江西、山东、广东等地陆续出台"十四五"应对气候变化规划。各地明确提出应对气候变化的多项指标，并在源头治理、能源结构调整等多个方面作出部署。为应对气候变化，增强气候治理能力，各地方制订了二氧化碳排放、生产能耗、能源消费等多项指标。比如，《重庆市应对气候变化"十四五"规划（2021—2025年）》设置了工作指标16项，其中，约束性指标10项、预期性指标6项。按照规划，到2025年，重庆市单位地区生产总值的二氧化碳排放量下降到国家考核要求以内，单位地区生产总值的能源消耗下降14%[31]。

地方政府应对气候变化规划汇总　　　表1-4

发布时间	规划名称	关注重点
2022年1月	《江西省"十四五"应对气候变化规划》	规划提出主要目标包括能源结构优化、碳排放总量和强度控制、工业领域碳排放强度下降、建筑节能水平提升、绿色交通运输体系建设、林业碳汇能力增强、应对气候变化管理制度和政策体系逐步完善等
2022年3月	《山东省"十四五"应对气候变化规划》	规划提出，一是重点深化低碳试点示范，支持济南、青岛、烟台、潍坊4个国家低碳城市试点，研究制定支持绿色低碳发展的配套政策；二是推动建设近零碳排放试点和工程，推动绿色低碳发展和技术创新，推进交通、建筑、消费等领域的碳中和技术产品综合集成应用；三是开展绿色低碳全民行动，加大应对气候变化宣传力度，及时向公众进行宣传解读与政策引导
2022年4月	《重庆市应对气候变化"十四五"规划（2021—2025年）》	规划提出，到2025年，绿色产业体系、清洁能源结构和低碳消费模式基本形成，工业、建筑、交通、公共机构、农林业等重点领域节能减碳工作取得明显成效，碳中和技术创新和产业孵化体系初步构建

发布时间	规划名称	关注重点
2022年4月	《江苏省"十四五"应对气候变化规划》	规划提出，到2025年，应对气候变化与生态环境保护统筹融合的格局总体形成，基本建成低碳新经济发展引领区、协同融合管控示范区、绿色低碳生活样板区
2022年7月	《广东省应对气候变化"十四五"专项规划》	规划提出，严格控制温室气体排放，主动适应气候变化，深化广东应对气候变化市场化机制改革创新，推进气候变化治理体系和治理能力现代化，实施试点示范和重大工程等重点任务
2022年7月	《北京市"十四五"时期应对气候变化和节能规划》	规划提出，要全面推进绿色低碳循环发展，严控重点领域温室气体排放，加强城市气候适应性建设，构建节能降碳综合治理体系，推进科技创新和试点示范等
2022年7月	《吉林省"十四五"应对气候变化规划》	规划提出，要实施"两个路径"，统筹"三个区域"，强化"四个保障"，实现"五个突破"，达到"六新目标"这几个方面的奋斗目标。提出生态环境质量、污染物排放总量、生态安全维护、应对气候变化四大类19项具体指标
2022年10月	《湖北省应对气候变化"十四五"规划》	规划提出五大重点任务，包括严格控制温室气体排放、主动适应气候变化、推进碳市场建设、拓展试点示范、推进应对气候变化治理体系和治理能力现代化
2023年1月	《安徽省"十四五"应对气候变化规划》	规划提出推动温室气体核证减排市场健康发展，鼓励开展碳普惠机制的研究和实践，加快完善碳普惠方法学、管理办法等配套文件，持续推进碳普惠试点工作，逐步扩大碳普惠制覆盖范围，力争2025年全社会进一步形成低碳生产、生活的良好氛围

注：资料仅列举部分
资料来源：作者收集整理

我国在低碳技术与政策领域已经开展了一系列探索，并在工业减排、建筑节能、环境治理等方面取得一定的成效。从地方具体的实施方案来看，通过优化产业、能源结构实现降碳仍是"重头戏"，同时更关注碳普惠、低碳理念宣传等生活方式引导。但整体而言，我国低碳技术发展和支撑能力建设的短板仍较为明显，总体技术水平仍然落后于一些发达国家[32]。同时，目前国内将低碳技术转化为产品的能力较弱，未能形成更多、更好、更适用的低碳产品和低碳服务，这也成为制约我国低碳转型发展的主要因素，导致尚未形成"人人减碳"的社会共识。北京大学学者田成川表示："高效率的低碳发展与社会文化有着极为密切的关系，构建低碳发展的长效机制，必须调动社会各方面的积极性。"[33] 近年来，越来越多的学者通过研究证实，我国城市居民低碳城市及社区共建的参与度很低，如果不能调动人们践行低碳生活方式的主观能动性，并引导形成绿色低碳的普世价值观，即使加大力度推动低碳技术的创新迭代，也难以实现真正意义上的低碳社会[34-35]。

1.3 低碳社会建设下传统的城市规划方法亟须变革

1.3.1 需要顺应新的价值导向

近现代以来，随着工业化发展，全球各地的城市大多开启了城镇化进程。大量的农村人口涌入城市，原本规模较小的城市难以承载大量人口，规模扩张成为必然选择。而我国自改革开放以来，经历了人类历史上最快速的城镇化进程，1978—2021年，我国城镇化水平从18%增长至64%，城市人口增长7.4亿。城市规划在全球城市增长扩张过程中发挥了重要作用，有效支撑了城市的发展和建设。但增长型规划或扩张型规划同时带来城市无序蔓延、低效扩张、交通拥堵等问题，由此造成资源大量消耗、住宅大量建设、二氧化碳大量排放。根据联合国人居署的统计，全球城市地区二氧化碳排放量占总排放量的60%以上，已经成为碳中和的主阵地。随着可持续发展理念和"双碳"目标的提出，城市的发展导向逐渐转变，城市的核心价值从传统的规模扩张、快速发展，转向了绿色可持续发展，传统的城市规划需要顺应新的价值导向。

1.3.2 需要匹配新的技术发展

在"双碳"目标下，相关新技术、新理念、新方法蓬勃发展，新能源、新材料等前沿领域的创新技术层出不穷。目前，传统城市规划依然从专项支撑视角研究城市交通、基础设施、能源、公共服务设施布局等，而能源、交通、新型基础设施等新型技术的出现，必然会深刻地影响城市规划和建设。比如，能源系统的信息化对交通路网密度、断面和硬软件设施建设提出根本性的改变要求，以资源循环利用为核心的新型市政系统，也将替代传统市政设施体系。

这之中最重要的无疑是能源系统的重构和新型能源技术的应用。《零碳社会》的作者杰里米·里夫金认为，未来的能源生产设施是网络化分布式，城市中的每栋楼、每个设施乃至每个人既是能源使用主体，也是能源生产主体。未来的能源生产设施系统不是简单的集中传输方式，而是分布式能源系统，它将成为新的发展方向。分布式能源系统直接面向用户，按用户的需求就地生产并供应能量，具有多种功能，可满足多重目标的中小型能源转换利用需求[36]。未来城市采用分布式能源系统，将深刻地影响其他城市系统的布局，而城市从中心＋外围的等级结构走向更为扁平的网络化结构已成为趋势，这也就意味着城市规划需要研究清楚基本的能源单元发展方向和城市规划方法，并反馈到城市大系统中。因此，未来的城市规划需要与能源、交通、建筑、市政、智慧等新型技术结合，并能匹配新技术的发展需求。

1.3.3 需要匹配低碳社会的行为需求

在"双碳"时代，低碳生活日渐深入人心，人们的行为方式和需求正在发生转变。低碳生活代表着更健康、更自然、更安全、更环保，同时是一种低成本、低代价的生活方式。伴随人民生活方式的转变，传统城市规划需要适应人民的行为方式，为人民创造更好的城市生活空间。低碳社会下，公众与社会的观念转向适度适宜、合理节约，这就需要用城市规划手段契合公众认同的低碳生活方式和习惯，例如，创造舒适的慢行系统、就近可达的服务设施、分散化的共享办公场所等。

1.3.4 需要重新审视城市与自然的关系

随着城市发展逐渐蚕食其周边重要的湖泊、湿地、农田等自然生态空间，越来越多的城市规划开始致力于保护高品质的自然环境。诸多城市已经开始探索城绿融合的城市规划方法。新加坡登加新镇提出"未来森林市镇"的建设目标，我国成都市也提出"公园城市"的规划理念。一方面，增加绿色空间是维持良好生态环境的重要途径，城市内部需要更多的生态空间；另一方面，城绿融合促使城市通风能力和防洪排涝能力提升，从而增加城市的韧性，降低城市能源的消耗。但在城市中单纯依靠人工建设生态空间和公园，仍无法形成良好的自然生境。没有完整、贯通的自然生境系统，无法支撑生物群落之间的迁徙流动，城市绿地面积的增加并不一定代表城市自然生态环境的提升。未来，城市不仅是人类的城市，更是自然的、生物的城市。现代城市规划源于工业文明，面向生态文明、"双碳"时代，如何促进城市与自然的和谐共生，甚至实现城市与自然的"生命共同体"，是未来城市规划需要探讨的重要议题。

1.4 探索城市规划新方法：基于三种逻辑的视角

在国际社会携手应对气候变化的时代背景下，推动经济社会低碳转型正成为全球城市共同关注的议题。若从低碳社会"何以生成"这一根本性问题追根溯源，减碳技术的全链条变革、人的行为方式转变、城市与自然的空间秩序重构这三种力量，构成了低碳社会形成的原动力。在社会发展进程中，已经隐隐可以窥见这三种力量在持续上升，并在动态变化中趋向协调。在后文中，笔者将从技术逻辑、行为逻辑、自然逻辑三重视角进行探讨。在技术逻辑视角，需要适应快速裂变迭代的绿色低碳技术；在行为逻辑视角，关注技术进化下的生活方式变革；在自然逻辑视角，重新审视人工环境与自然环境的共生关系。针对传统城市规划方法与低碳社会建设存在的思维偏差，笔者进一步尝试构建一种三重逻辑相协调的规划模型，以找到与低碳社会相适配的城市规划变革方向。

图 5　技术逻辑框架图

资料来源：周梦洁绘

本章参考文献

【1】 IPCC. Global Warming of 1.5℃ [EB/OL] .（2018）. https：//
www.ipcc.ch/site/assets/uploads/sites/2/2022/06/SR15_Full_
Report_HR.pdf

【2】 理查德·佛罗里达.新城市危机—不平等与正在消失的中产
阶级[M].北京：中信出版集团，2019.

【3】 IPCC，Climate Change 2022：Impacts，Adaptation and
Vulnerability[EB/OL].（2022）. https：//report.ipcc.ch/ar6/
wg2/IPCC_AR6_WGII_FullReport.pdf

【4】 孙建平.发展与安全并进推动超大城市治理现代化[J].先
锋，2020（01）：26-28

【5】 北京绿色金融与可持续发展研究院，高瓴产业与创新研究
院.迈向2060碳中和—聚焦脱碳之路上的机遇和挑战[EB/
OL].（2021）. https：//huanbao.bjx.com.cn/news/20210924/
1178586.shtml

【6】 世界银行. Stern Review：The Economics of Climate
Change[EB/OL].（2006）. http：//mudancasclimaticas.
cptec.inpe.br/~rmclima/pdfs/destaques/sternreview_report_
complete.pdf

【7】 国家气候变化对策协调小组办公室，中国21世纪议程管理
中心.全球气候变化——人类面临的挑战[M].北京：商务
印书馆.2004

【8】 封册，徐长乐.全球气候变化及其对人类社会经济影响研
究综述[J].中国人口·资源与环境，2014，24（S2）：6-10.

【9】 联合国人类住区规划署.联合国人类住区规划署（人居署），城市与气候变化：政策方向 全球人类住区报告2011简写本-GRHS 2011[EB/OL].（2011）. https：//unhabitat.org/global-report-on-human-settlements-2011-cities-and-climate-change

【10】 UK Department Trade and Industry. Energy White Paper：Our energy future–creating a low carbon economy[R]. London：DTI，2003.

【11】 "2050 Japan low carbon society" scenario team. Japan Scenarios And Actions Towards Low Carbon Societies（LCSs）[R/OL]. Tokyo：National Institute for Environmental Studies，2008. https：//2050.nies.go.jp/LCS/eng/japan.html

【12】 Department for Business，Enterprise & Regulatory Reform. Meeting the Energy Challenge：A White Paper on Nuclear Power[R/OL]. 2008. http：//www.berr.gov.uk/files/file43006.pdf

【13】 the BREEAM Centre at the Building Research Establishment（BRE）. Code for sustainable homes：technical guidance[R/OL]. London：Ministry of Housing，Communities & Local Government，2010. https：//www.gov.uk/government/publications/code-for-sustainable-homes-technical-guidance

【14】 任力，华李成.英国的"低碳转型计划"及其政策启示[J].城市观察，2010（03）：44-50.

【15】 李海燕.发达国家创建低碳生活方式及其对我国的启示——以英国和丹麦为例[J].湖南商学院学报，2014，21（03）：26-31+35.

【16】 HM government.ENERGY WHITE PAPER：Powering

ourNet Zero Future[R]. London：the Secretary of State for Business，Energy and Industrial Strategy，2020.12.

【17】刘志林，戴亦欣，董长贵，等.低碳城市理念与国际经验[J].城市发展研究，2009，16（06）：1-7+12.

【18】[2050年日本低碳社会]项目小组.日本低碳社会（LCS）情景——2050年CO_2排放量缩减70%的可行性研究[R/OL]. 2007. https：//2050.nies.go.jp/report/file/lcs_japan/70reduction-Japan_translete-Chinese.pdf

【19】[2050年日本低碳社会]项目小组.面向低碳社会（LCS）的12项措施[R/OL]. 2008. https：//2050.nies.go.jp/report/file/lcs_japan/DozenActions-Japan_translate-Chinese.pdf

【20】孟晶.日本：政策引导抢占技术制高点——国外低碳经济政策与法规介绍（中）[J].中国石油和化工，2010（08）：12-13.

【21】张良，郑大勇.借鉴国际低碳交通经验良性发展我国低碳交通[J].汽车业研究.2011（07）.

【22】"2050 Japan Low-Carbon Society" Scenario Team. The Strategic Energy Plan of Japan-Meting global challenges and securing energy futures（Revised in June 2010）[R]. 2010.

【23】Minna Sunikka-Blank，Yumiko Iwafune. Architectural Institute of Japan（AI）. Architecture for a Sustainable Future-All about the Holistic Approach in Japan[R]. IBEC：Tokyo，2005.

【24】鲍健强，王学谦，叶瑞克，等.日本构建低碳社会的目标、方法与路径研究[J].中国科技论坛，2013（07）：136-143.

【25】董立延.新世纪日本绿色经济发展战略——日本低碳政策与启示[J].自然辩证法研究，2012，28（11）：65-71.

【26】朱敏.丹麦发展低碳经济的经验与对我国的启示[J].重庆经济，2017（02）：1-3.

【27】李海燕.发达国家创建低碳生活方式及其对我国的启示——以英国和丹麦为例[J].湖南商学院学报，2014，21（03）：26-31+35.

【28】朱秋睿，冯相昭.丹麦何以成为全球绿色低碳发展的翘楚？[J].世界环境，2015（05）：20-23.

【29】Bristol City Council .Bristol Climate Protection and Sustainable Energy Strategy Action Plan 2004/6[R]. 2004.

【30】郑德高，罗瀛，周梦洁，等.绿色城市与低碳城市：目标、战略与行动比较[J].城市规划学刊，2022（04）：103-110.

【31】李苑.多地出台"十四五"应对气候变化规划[N].上海证券报，（2022-08-08）.https：//baijiahao.baidu.com/s?id=1740552149760062815&wfr=spider&for=pc

【32】章轲.发展低碳经济四项举措仍略显不足，专家提醒注意潜在风险[N].第一财经资讯，（2022-08-28）.https：//www.yicai.com/news/101519816.html

【33】田成川，柴麒敏.日本建设低碳社会的经验及借鉴[J].宏观经济管理，2016（01）：89-92.

【34】何明伦.我国低碳社区建设问题分析及建议——基于集体行动理论的视角[J].城市开发，2016（04）：82-83.

【35】孙林雪.城市居民低碳生活存在的问题及对策分析[J].山海经，2015（05）：22.

【36】张书华，付林.优先利用分布式能源及工业余热的多能互补供热模式[J].分布式能源，2018，3（01）：64-68.

第 2 章

技术逻辑：裂变迭代的绿色低碳技术

迈向低碳社会

　　"双碳"目标下，全球绿色低碳技术迭代将加速裂变。城市作为碳中和成败的主战场[1]，能源、交通、建筑、资源和智慧等五大维度的技术改革尤为重要，其中能源部门和建筑部门产生的温室效应气体占温室气体排放总量的比例较大，更应该成为低碳技术迭代的关键象限。

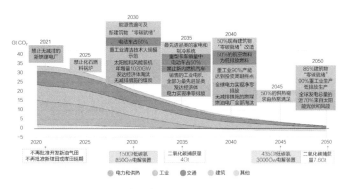

图 6　能源变革带来低碳技术裂变
资料来源：IEA《全球能源部门 2050 年净零排放路线图》

2.1　能源维度：新能源与能源设施系统变革

　　新一轮能源革命与技术变革在全球范围蓬勃兴起，世界能源发展正处在由高碳能源进入低碳能源、由化石能源进入非化石能源的时代。而城市作为能源消费的集中地，正是新一轮能源技术革命发生的原点与中心。面向城市空间新能源利用与能源系统的基础设施变革正在全面展开，聚焦可再生能源利用、多元调峰储能、能源互联网等领域，覆盖城市能源的生产、输配、消费的全周期环节。

2.1.1 围绕能源流动规划城市：能源前置下的新城市空间秩序

对于城市，不同时期有着不同的城市秩序，人们在漫长的城建史中摸索着城市秩序的核心影响要素。工业革命以前，城市秩序的核心要素是皇城或者市集，工业革命以后，汇集最多商品、资本、技术等新要素的城市中心逐渐成为组织城市的核心要素。随着交通网络的建设和汽车工业的发展，交通枢纽带来了周边土地升值和物业运营收益，交通流成为影响城市秩序的新要素。气候变化加速了全球能源供需结构的多元化调整，在信息流、物质流和价值流之外，能源流的概念已经出现。如中国工程院院士陈清泉认为，通过能源网、交通网、信息网、人文网的四网融合以及能源流、信息流、物质流、价值流的四流融合，可以促进能源供给侧的创新革命[2]。在此背景下，围绕能源流动来规划城市，可能成为一种新的城市秩序建立方式。

城市秩序的典型映射是城市空间结构，典型的有单中心城市空间结构，也有因为单中心城市通勤时间长、交通拥堵反思后，先后出现的马塔带型城市、霍华德田园城市等城市空间结构模型。交通流影响下，产生了以公共交通为导向（TOD）的城市空间发展模式，这种TOD模式以交通流影响功能、以功能决定结构，影响着城市空间格局。随着能源流成为关键要素，城市能源供需模式对城市空间结构的形成和演变也将会产生深远影响。

城市经济活动的中心地区往往也是能源负荷集中区，而围绕能源流动重建城市秩序的核心，在于从能源供需源头出发，深入揭示城市发展模式、开发边界、功能混合、建筑密度等空间特性与城市能源"供、输、用"等环节间的耦合关系。不同的城市能源生产、输配和消费模式，与城市区域布局、交通网络、建筑密度等空间特性均有关联[3]，推动着城市从以功能定结构到以能源布局定结构的发展模式的转变。

传统模式下，城市空间结构变化带来城市社会经济活动中心的变化，可以从空间层面引起能源负荷的波动；新的能源前置模式下，任意一个城市空间单元既是能源消耗单元，也是产能单元。由于能源系统不可避免能源流跨空间传输以及随之产生的能源传输损失，因此城市空间密度越大，供能距离越短，能源输送损失越小，但同时能源负荷过于集中、负荷量偏大；相反，过低的城市密度会导致负荷过于分散，增加系统传输过程的损耗，影响系统整体效率。在建筑层面的研究也表明，在相同建筑覆盖率情况下，建筑的单位能耗与容积率的关系呈现U形曲线分布。即在中等容积率时，建筑的单位能耗通常最低；容积率过大或过小，建筑的单位能耗都在增加。因此，过高或过低的城市开发强度与开发密度均会带来效益偏差，城市需要一个中等的开发强度、适宜的开发密度（简称"中密度"）。同时，需要设置匹配能源单元的能源站，实现能源供能负荷、传输损耗等的效率、效益最大化。通

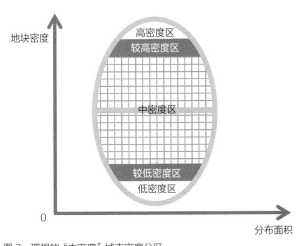

图7　理想的"中密度"城市密度分区

资料来源：郑德高，董淑敏，林辰辉.大城市"中密度"建设的必要性及管控策略[J].国际城市规划，2021，36(04)：1-9.

过一系列城市地区能源系统的实践经验，为了获取最优的供能和输配效率，分布式能源站通常能供给、调节约 $1 \sim 3 \ km^2$ 用地、100 万～200 万 m^2 建筑的能源需求。

空间组织模式变化的同时，城市重点地区也需要重新认识。过去交通流汇聚的门户枢纽地区是城市的重点地区，现在能源流供需的关键节点也成为城市的重点地区，将诞生若干能源枢纽。例如，荷兰海牙中央创新区（CID）的社会技术城市构想中，地热能源厂是能源供应的核心，它从距地面 2.5 km 的热水库中汲取能源，并将其供应给周边乡村地区，同时这些乡村地区将通过屋顶太阳能板产

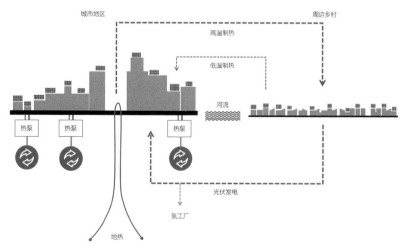

图 8　荷兰社会技术城市地热能源厂的能源流分析
资料来源：UNStudio. 海牙未来城市设计（Designs a City of the Future for The Hague）

生的过剩能源输送到城市地区^[4]。地热能源厂这一能源枢纽，将城与乡之间建立了"能源交换"系统，实现了地区能源平衡，是城市未来可持续发展的重点地区。

因此，未来城市的空间布局与能源模式息息相关，面向未来能源变革的城市规划，必然要改变功能为先的传统模式，走向能源前置的城市规划新方法。未来城市的结构、布局将遵循"产能设施-储能设施-能源站-微能网-智慧能源管理"的能源网络需求，采用优先明确能源资源、布局低碳设施的城市规划方法，以此能源网络为基础，再进行城市功能和建筑设施的布局。

2.1.2 从供应侧转向需求侧的能源规划

传统城市能源设施系统的规划通常基于供应侧出发，城市供电、供热和供气规划各自孤立地考虑专项需求，容易造成负荷的重复计算，导致能源资源的浪费。同时，这种规划思路容易重能源生产、轻能源管理，能源的生产、转换、消费三大环节缺乏纵向联动与反馈，能源消费的产业、交通、建筑三大领域缺乏横向协调。而可再生能源利用一般是分布式布局，通过联网实现相互补充与反馈，过去系统集中而缺乏相互反馈的能源规划与未来新的能源利用系统存在着矛盾。

从供应侧能源规划转向需求侧能源规划，适应可再生能源利用是未来的规划工作方向，这需要规划原则的根本变化。供应侧能源规划遵循可靠性原则，负荷预测中是峰值负荷叠加+同时使用系数+冗余量。而需求侧能源规划遵循综合能源规划（IRP）原则，用户既是能源的生产者，也是消费者，多种能源相互之间存在转化关系[5]。

2012年伦敦奥运会场馆正是采用了需求侧能源规划方法进行规划，收到了很好的节能减排效果。首先，从需求侧出发，评估场馆用能节能目标，订立了以2006年建筑规范为基准线，到2013年要实现减少50%CO_2排放量的目标。从该目标出发，规划整个奥林匹克园区安装可再生能源发电系统，实现至少相当于减少20%的CO_2排放量；进一步通过提高热电冷联供系统的能量转换和输配效率，再减少至少20%的CO_2排放量；在终端节能基础上，规划2个能源站，安装3台共3.3 MW的燃气发动机，最终实现累积减少47%的CO_2排放量[6]。

2.1.3 布局产能空间：让可再生能源进入城市

能源的一次次变化与城市生产力息息相关，从薪柴到煤炭再到油气，生产活动也从农业、工业来到后工业信息化。面向新的时代，能源形式的变革也必将对城市带来重大影响。2023年12月13日，在阿联酋迪拜举行的《联合国气候变化框架公约》第二十八次缔约方大会（COP28）闭幕，大会上达成一项"历史性协议"，首次将"摆脱化石燃料"写入文本，呼吁缔约方尽快实现净零排放。这意味着人类在将来将逐步脱离化石能源，这也将加速推动城市生产活动和核心竞争力的变革。

太阳能是自然带给城市的第一份礼物。太阳能光伏、太阳能光热等技术相对成熟且占地面积小，是可再生能源进入城市的理想载体。太阳能的利用成效与其空间载体的受光采光密切相关，因此为了提高太阳能的利用率，可以利用地理信息系统，将城市空间进行网格化划分，结合太阳辐照分析以及城市的密度分区、建筑布局、朝向、屋顶状况等，构建城市太阳能利用模型系统，进而选择最佳的太阳能利用技术和装置。风能是第二份礼物，凭借着资源总量丰富、环保、运行管理自动化程度高、度电成本持续降低等突出优势，目前风能已成为开发和应用最为广泛的可再生能源之一。根据全球风能协会GWEC《Global Wind Report 2022》统计数据，2021年中国新增风电装机容量已占全球的51%。地热等其他可再生能源也是礼物。

当前各国正在增加天然气和可再生能源在发电结构中的占比，逐步用清洁能源替代化石能源，形成多轮驱动的能源供应体系。根据国际能源署（IEA）发布的报告《2021年可再生能源报告——到2026年的分析和预测》，全球可再生电力增长速度比以往任何时候都快，预计到2026年，全球可再生能源发电装机容量将在2020年的水平上增加60%以上，超过4800 GW，相当于目前全球化石燃料和核能发电装机容量的总和；届时，可再生能源将占全球电力容量增长的近95%，仅太阳能光伏就占一半以上[7]。城市层面、街区层面、社区层面都有布局产能空间的实践探索。新加坡的能源重置方案中重点使用太阳能光伏，提出到2030年太阳能装机容量达到2000 MW，较现状翻五番[8]；哥本哈根的气候规划则重点发展风能和生物质能，提出在2025年前安装100台风力发电机，实现区域内完全零碳[9]；瑞典哈马碧湖城，通过生物质能和太阳能光伏实现了50.5%的可再生能源供给；德国弗莱堡沃邦社区，通过屋顶、垂直光伏等方式，将太阳能发电占比提升至17%；中国嘉兴光伏小镇也在积极探索片区层面的光伏发电，部分企业通过光伏发电实现了35%

的能源自我供应。

由于气候变化的不确定性以及白天夜晚的太阳光不同，太阳能具有很大的不稳定性。考虑到现阶段可再生能源这种不稳定性，构建灵活的多种能源相互补充的供应系统十分关键，补充的能源包括浅层地热能利用、余热废热利用、绿氢能源应用等。例如探索可再生能源电解水制氢、生物质制氢等方式发展绿氢能源，用氢燃料替代电池汽车；又如利用城市有机生物垃圾和园林绿化废弃物①实现生物质能利用。

总体而言，在化石能源时代，城市主要依赖外来的能源，能源生产也以集中的方式进行。面向未来的能源变革时代，特别是光伏技术、风能技术越来越成熟，城市空间成为能源的直接提供者。在这样的背景下，以城市空间生产能源为目标，城市规划应该研究如何通过优化城市空间形态以实现能源空间与城市空间的协调，从而构建起一套适应能源生产的城市空间新范式。

---

① 园林绿化废弃物（GardenWaste），也称为园林垃圾（YardWaste），主要指城市绿地或郊区林地中绿化植物自然或养护过程中所产生的乔灌木修剪物（间伐物）、草坪修剪物、杂草、落叶、枝条、花园和花坛内废弃草花等废弃物。

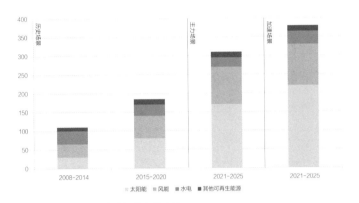

图9 不同类型可再生能源发电量占比

资料来源：国际能源署《2021年可再生能源报告》

2.1.4 多元化的调峰储能设施

（1）亿级调峰需求焦虑

从能源在城市空间中流动的路径来说，随着我国用电结构变化和电气化程度提升，调峰需求在用电侧、发电侧都在增加，而电网侧调峰能力受限，正在形成巨大的调峰焦虑。

一是用电侧峰谷差不断增加，增大了电力系统调节需求。随着我国第三产业和居民生活用电占比不断提升，用电侧日负荷的峰谷差率与峰谷差绝对值都在不断增大。以浙江为例，2020年最大峰谷差达33140 MW，最大峰谷差率超50%[10]。

二是发电侧亿级规模[①]的可再生能源装机量，对于调峰储能带来巨大挑战。根据《bp世界能源统计年鉴（2022年版）》统计，"十三五"以来我国历年风电光伏新增装机均超过全球总量的20%~30%；而根据2021年6月国际能源署（IEA）发布的《全球能源行业2050净零排放路线图》，未来10年全球风电光伏合计每年新增装机将超过1020 GW[11]。因此，到2025年末我国风电光伏累计装机突破10亿kW、2030年达到12亿kW[12]的规划目标实现可能性很高；由于新能源发电对电网支撑能力较弱，假设需要10%~20%的调峰配比，则2025年所需调峰能力总装机应在1亿~2.4亿kW之间。

三是电网侧灵活电源不足，调峰、调频能力受限。美国、西班牙、德国的各类灵活电源装机量占比则达到49%、34%、18%，这种灵活性调节能力直接关系到电力系统安全稳定运行和新能源消纳利用水平。目前，我国电源结构以灵活性不高的燃煤机组为主，灵活性较好的燃气机组占比低，后者在2018年占全部发电装机量的比重不

---

① 亿级规模指我国可再生能源至2025年所需调峰能力总装机量。根据规划目标，我国到2025年风光累计装机达到10~12亿kW、2030年接近14~16亿kW。假设调峰配比10%~20%来匡算，则2025年所需调峰能力总装机应在1~2.4亿kW之间。

足6%，导致电力系统调峰调频压力不断增大[13]。

调峰能力如何在发电侧、用电侧和电网侧之间配置以及成本的回收疏导机制是目前调峰问题的主要矛盾，其中，城市使用何种调峰方式成为争论焦点。正是因为这样一种亿级体量的调峰需求焦虑，更需要规划层面给予前置响应。而传统规划绝对功能分区的模式，与新型能源的供给和调峰模式并不匹配。未来的城市规划需要打破绝对功能分区，在能源变革视角下重新考虑规划布局。一方面，引导空间布局走向功能混合，将商业、居住、工业、商办等不同用能特征的功能科学混合，让片区的能源负荷曲线更加平滑；另一方面，布局储能空间，实现波峰储能、波谷放能，主动削峰填谷的目标。

（2）因地制宜的储能设施

发展储能是解决新能源稳定性问题的关键。通过分布式能源及微电网、火电灵活性改造、抽水蓄能、电化学储能等多种储能技术，再并入电网智能地协调和平衡所有能源供应、需求及储存系统。如山东坚持把新型储能纳入全省能源发展的"十四五"规划，涵盖了锂电池、压缩空气、液流电池、煤电储热、制氢储氢及其他新型储能调峰项目[14]。在经历2022年夏季的极端干旱缺电后，四川意识到水电发电的不确定性，近期密集核准了一批天然气发电项目，如成都"十四五"能源规划提出建成有效应对极端事件的储运调峰体系，推进天然气调峰电站建设，着力提升常态电源应急备用容量，同时推动新型储能设施示范应用，在电源、电网、用户侧运用锂离子电池、压缩空气储能、飞轮储能等新型储能技术[15]。

储能设施如何安全适宜地布局是城市规划新方法中需要考虑的重点内容，可分为电源侧、电网侧及用户侧的储能设施布局。电源侧储能主要为城市中的一系列新能源电站项目，通过储能协同优化运行保障新能源高效消纳利用，为电力系统提供容量支撑及一定调峰能力，即"大储能"模式；同时，退役火电机组的既有厂址和输变电设施也可作为建设储能或风光储设施的空间载体。电网侧储能则主要通过关键节点布局，提升大规模高比例新能源及大容量直流接入后系统灵活调节能力和安全稳定水平；在电网末端及偏远地区，建设电网侧储能或风光储电站，可以提高电网供电能力。用户侧储能则是围绕分布式新能源、微电网、大数据中心、5G基站、充电设施、工业园区等其他终端用户，聚合利用不间断电源、电动汽车、分散式储能设施，依托大数据、云计算、人工智能、区块链等技术，实现分散式、去中心化的"小储能"模式；而针对重要负荷用户需求，更适合采用移动式或固定式储能，以提升应急供电保障能力[16]。

2.1.5 多能协同的能源互联网

（1）不同层级的能源互联

能源互联网（Energy Internet）是指将能源系统与信息通信技术相结合，实现能源高效、智能、可持续管理和利用的新型能源系统。能源互联网系统可以避免集中式的能源站大规模能源输送所导致的能源损失，逐渐成为未来发展趋势。该模式可有效融合小型分布式冷热电联产系统、各类可再生能源系统以及用户侧高效热源系统，通过协同共享提升区域整体能效。能源互联网结合不同电压等级的配电网，其供能范围可覆盖区域、城市（城镇）、工业园区、社区、楼宇等不同层级。

区域级能源互联网的一种形式是集中式，它通过集中控制和管理能源资源，实现能源的高效分配和利用。实际上，该技术主要匹配升级的就是传统电力系统中配电网的功能，通过承接、配送上级电网的大规模电力，灵活接入各类分布式能源，并通过电、气、热网能量流交互实现多种能源形式的互联互通互补；利用先进信息技术，实现新能源汽车、储能、多类型负荷等多元主体接入与互动的灵活便捷。

城镇级能源互联网在智能配电网基础上延伸，融合信息通信、数据分析、智能交通等先进技术，初步探索供需互动与绿色能源交易。如天津北辰产城融合能源互联网示范区、江苏扬中能源互联网示范区、广州面向特大城市电网能源互联网示范项目等，此类工程旨在提升城镇综合能源利用整体效率和水平、清洁能源消费占比、配电网运行灵活性与安全可靠性等核心指标[17]。

园区级能源互联网主要依托综合能源服务，旨在通过多种能源形式的融合互补与综合优化、用户灵活互动、能源运营模式创新，实现综合能源利用效率与清洁能源利用率的有效提升，降低碳排放与用户用能成本。代表工程有国网客服中心北方园区示范项目（工业型）、中新天津生态城动漫园示范项目（商业型）、上海电力大学临港新校区示范项目（教育型）等。

（2）能源站、微能网的全面延伸

能源站通过分布式冷热电三联供、"电—气"/"电—热"耦合等能源转换环节，实现电、气、热等能源网的互联互通，并依靠能源站为不同类型用户提供各种能源。尤其当区域内建筑的电力负荷、热负荷和冷负荷相互匹配时，鼓励采用分布式供能系统，合理设置分布式能源站。同时，分布式能源站可通过多能互补能源互联网进行管理，提高区域供能系统的稳定性和可靠性。能源站的布置宜位于负荷中心，当前技术发展水平下比较合适的供能半径是不大于1.5 km。

微能网则是连接建筑物与能源站之间的能源网络。微能网通过能源站和建筑内部小型储能设施的链接，结合能源供需变化，动态管理调整能源网络，以达到最高效率和最优控制。在用能波峰，将分布式能源系统中的冷、热等种类能源供给到用户端，同时建筑物内的储能设施对电网放电，补充高负荷时间段的用能需求；在用能波谷，将电网富余能源接入储能设施进行存储，保障高峰期的用能调节。

—青岛中德生态园能源站规划—

青岛中德生态园位于国家级新区西海岸新区内，是中德两国政府共同打造的具有可持续发展示范意义的生态园区。中德生态园所在区域地处胶州湾西岸、具有季节性供暖需求，每年供暖期为11月至3月，总时长达5个月。区域全年日照小时数为2550 h，日照百分率达58%，光照条件充裕；同时风能资源丰富，平均有效风能平均时间达6485 h，全年平均风速5.4 m/s，1～4月风速较大，7～9月风速较小，最大风速可达32 m/s。

规划方案以能源需求预测与供需匹配为基础，从多元能源的综合供给、清洁高效的能源单元、气候响应的空间形态、低碳节能的绿色建筑四个方面优化能源结构，提高用能效率，构建中德生态园高效低碳的能源系统，塑造集约高效的循环城市。利用泛能微网技术，与西海岸生物质热电厂、大唐黄岛电厂共同成为区域供热热源。泛能微网系统通过用、供、管全过程的数据采集、监测，实现对电、热、气等多种能源数据的实时监测与智能匹配，可提供年均30 MW的供热量。同时，规划区各组团内均布置分布式能源站，每个能源站辐射范围为0.8～1.2 km²，形成一个总控平台、五个分布式能源站的总体结构。片区利用分布式能源系统解决区域大部分供热、供电、供气需求，分布式能源系统供能占园区用能总量的比例≥60%。

2.2 建筑维度：低碳建筑与超越建筑

建筑领域是能源消费碳排的重要组成，2019年全球建筑建造行业能耗和碳排放分别占35%和38%，且处于持续上升阶段[18]。未来建筑的减碳技术主要集中在建材-建造-运营全过程的减碳技术、建筑从耗能到产能-耗能一体的跨越和低碳化的街区空间形态设计三个方面。

2.2.1 建材-建造-运营全过程的减碳技术

建筑领域碳排放主要产生于建材生产运输、建筑施工和运营等阶段，在各个不同阶段往往采用不同的减碳技术。在建筑材料阶段，通过合理利用获得认证的绿色建材，推行建筑材料资源化利用，推广一体化设计理念；在建造阶段，大力推行建筑工业化与装配式建筑发展，进行绿色施工，推行装配式钢结构等新型建造方式；在运营阶段，实行用能全面电气化，降低建筑运行碳排放，提升建筑星级目标要求，推广超低能耗建筑示范，同时推动建筑向智能化转型，以高效节能形式降碳。

在建材阶段，绿色建材的生产具有更显著的减碳效应。绿色建材通常具有"节能、减排、安全、便利和可循环"的特征，根据材料差异，又可将其分为利废建材、可再生建材、节能建材、智能建材和新型生物质建材。绿色建材可以实现在全生命周期内减少对自然资源消耗、减轻对生态环境影响。根据《中国能源报》报道，2021年我国绿色建材生产环节减碳量达到1654万吨。因此，我国高度重视绿色建材技术发展及推广应用，"十二五""十三五"期间对绿色建材的研发与应用给予了持续支持。在我国《建材行业碳达峰实施方案》中已明确提出在新建建筑与既有建筑改造中使用绿色建材，到2030年星级绿色建筑全面推广绿色建材。

在建造阶段，我国正全力推进装配式建筑发展，符合条件的新建民用建筑、工业建筑，应按装配式建筑要求实施。因地制宜推进各类装配式建筑，在学校、医院等公共建筑及工业厂房中，大力应用装配式钢结构、钢—混凝土组合结构；在居住建筑中，鼓励应用装配式钢结构。鼓励新建装配式建筑实施高装配率，单体预制率达45%或装配率达65%的装配式建筑面积宜达到新建建筑面积的10%。全面推广实施全装修住宅，新建居住建筑应全面实施全装修技术，特别是在人才公寓、租赁房等房屋中全面落实全装修技术要求，有效提升工业化装修实施效率。

在运营阶段，我国通过绿色建筑技术构建低碳建筑，提升绿色建筑星级目标，推广低能耗、近零能耗建筑。如根据住房和城乡建设部发布的《建筑节能与可再生能源利用通用规范》（GB 55015），要求新建居住建筑和公共建筑平均设计能耗水平应在2016年执行的节能设计标准的基础上分别降低30%和20%，新建的居住和公共建筑碳排放强度应分别在2016年执行的节能设计标准的基础上平均降低40%。上海市近年来超低能耗建筑推广迅速，2021年评审组织共计12个项目，包括11栋住宅建筑、1栋公共建筑[19]。

2.2.2 建筑从耗能到产能—耗能一体的跨越

建筑从耗能到产能，重点在于建筑本身采用节能材料和一些可发电的配件（如在向阳的墙面和屋顶铺设光伏板），能够产出多于自身消耗的能源。未来应鼓励提高建筑中可再生能源新材料与设备的应用，逐步推广屋顶光伏、建筑光伏一体化技术，探索光伏与绿化混合布局等技术，积极推动分布式光伏的规模化应用。

随着光伏技术的发展，光伏建筑的发展经历了多个阶段。从光伏组件材料来看，第一代光伏电池是以硅晶为衬底，主要为单晶硅和多晶硅，晶硅电池发展时间久，技术成熟度高、成本低，发电效率也较高。单晶硅材料受温度影响大，易衰减、寿命较短。第二代光伏电池为薄膜材料，主要包括双结硅基薄膜、铜铟镓硒薄膜、碲化镉薄膜，这类材料有可塑性高、衰减慢、受温度影响小等特点，自然光电转化率较低，但是弱光情况下也可以发电。从光伏与建筑组合形式来看，可分为BAPV（"安装型"太阳能光伏建筑）、BIPV（光伏建筑一体化）、GRPV（光伏绿化一体化）等三种主要类型。BAPV太阳能光伏建筑概念提出于20世纪70年代，随着组件成本下降，现在开始向户用推广。它的主要功能是发电，与建筑物功能不发生冲突，不破坏或削弱原有建筑物的功能。BIPV则是将光伏材料设计成建筑物的各种部件，取代玻璃幕墙、外墙装饰石材、屋顶瓦等传统建筑材料。BIPV既满足发电功能，又兼顾建筑的基本功能及美学要求，同时模块化安装、维修较方便，逐渐受到追捧。GRPV则是将屋顶绿化与光伏材料进行一体化设计，利用植物的蒸腾和蒸发作用降低光伏温度、吸收灰尘减少衰减、增加漫反射提高远红外光谱辐射量，使得GRPV较传统光伏发电效率提升2%～4%。但GRPV的维护成本较高，且适宜布局在日照时间较长的地区。

2.2.3 超越建筑：低碳化的街区空间形态

20世纪80年代，我国正式明确了建筑节能"分步走"的发展战略。目前，我国大多数省市的建筑实现了"75%节能率"的目标，即建筑能耗达到相当于20世纪80年代初25%的水平，建筑节能方面能够挖掘的潜力已经很小。同时，通过片区整体提升可再生能源利用水平、布局储能设施、推进资源循环利用等系统性措施的方式，实现整体减碳的潜力却还很大。因此，超越建筑，在街区层面探索系统化的减碳技术，逐渐成为许多国家大力提倡的推进可持续发展的重要策略之一。

结合BREEAM[①]和CASBEE[②]等绿色标准，我们定义街区是由城市道路或生态边界要素围合而成，面积在几公顷至几百公顷不等。街区层面减碳主要聚焦在街区建筑形态和外部环境两个维度进行优化提升，其影响范围及效果大于仅对建筑单体进行能耗控制及优化的措施，同时还可提升街区空间环境宜居性，进一步间接引导人们的低碳行为方式。

（1）中层中密度的街区形态管控

城市空间形态是决定城市尺度建筑能耗的一个重要因素。国内外关于城市形态对城市尺度建筑能耗的影响研究表明，建筑物所处的城市物质空间环境，如街区结构、街区形态、建成区热岛效应及局部地区微气候环境，都会对总体建筑能耗产生一定的影响。[20]

大量学者认为建筑高度和建筑覆盖率对能源消耗的影响存在"U形"关系。Quan S等人通过对波特兰和亚特

---

① Building Research Establishment Environmental Assessment Method通常被称为英国建筑研究院绿色建筑评估体系，由建筑研究机构（BRE）于1990年发起的一种可持续性评估方法。
② Comprehensive Assessment System for Building Environmental Efficiency通常被称为日本建筑物综合环境性能评价方法，是由建筑物综合环境评价研究委员会于2022年开始发布的一个完整评价体系。

兰大大量街区分析研究发现[21]，不同建筑覆盖率下，建筑高度与单位面积冷热能耗均存在"U形"关系，当建筑高度为6层左右时，单位面积冷热能耗最低；当建筑高度一定时，建筑覆盖率越高，单位面积冷热能耗越小，但总体影响不大；不同的气候条件并不影响三者之间的关系。杨再薇（2016）、张程（2018）、刁喆（2018）等人在对太原、长春、哈尔滨等街区研究发现，建筑覆盖率在15%～70%之间时，对冷热能耗的影响不大；随着建筑高度增加到6层（18 m）的时候，单位建筑冷热能耗下降趋势会变缓慢，在11层（35 m）处达到最小点[22]；建筑高度对建筑冷热能耗的影响较大，最优价值从18 m、35 m到45 m依次递减。建筑覆盖率更多地影响了人们的空间使用舒适度，在保证一定建筑连续界面的基础上，开放空间率越大，通风环境更好，舒适度越高[23]。

改变和优化城市形态能够有效降低城市尺度建筑能耗。虹桥商务区核心区的观察也能佐证这一点，其核心区的办公建筑用能强度呈现"倒U形"，中体量建筑和街区的用能强度更低。因此，总体来说，"中层中强度"是一种低能耗的街区形态，这样一种街区形态的管控，对于降低街区整体的建筑碳排放具有积极作用。

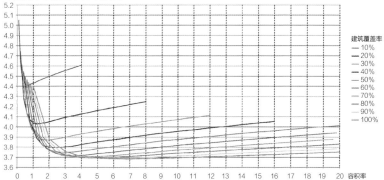

图 10 相关性曲线：建筑覆盖率 - 容积率 - 能耗强度

资料来源：刁喆.哈尔滨老城区街区尺度建筑布局对街区建筑能耗影响[D].哈尔滨工业大学，2018.

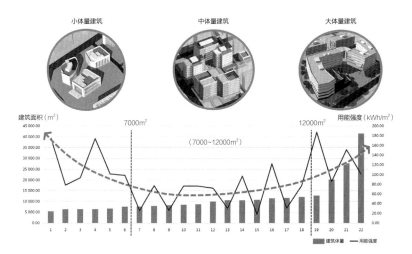

图 11 虹桥商务区核心区22幢办公建筑用能强度与建筑体量对比图

资料来源：虹桥商务区能耗监测平台

（2）气候适应的街区形态设计

弗兰克·布泰于2010年提出生物气候城市，以城市设计的思路提出了"土地空间总体正能源"（TEGPOS：Territoire à énergie globale positive）这一概念，将建筑和土地空间综合起来进行考虑，并关注能源的多重组成部分，从仅有局部成效的建筑正能源（BEPOS）过渡到具有整体成效的土地空间整体正能源（TEGPOS）。代表项目位于摩洛哥第一大城市卡萨布兰卡的扎纳塔地区（Zenata），旨在创建一个可持续发展的新城镇，规划面积1830 hm²，新增人口30万[24]。规划概念是利用摩洛哥当地气候的特殊性，恢复乡土知识中"阴凉和风"的艺术，开发一种"低技术、零成本"的南方生态系统，形成自然通风的城市空间肌理，并以此制定规划导则。影响街区尺度建筑能耗的微气候环境因子有温度、湿度、风速风力、太阳辐射等。为形成适宜的街区外部环境，当前实践探索主要聚焦在营造舒适的公共空间、形成低碳的物理环境等方向的设计措施。

一方面，在提升街区开敞空间率的同时，提升开敞空间的舒适性，可以引导更低碳的生活方式。新加坡为了提升户外步行舒适性，打造覆盖率100%的有盖连廊系统；重庆市则要求慢行道路遮阴率不低于80%，以缓解夏季炎热；而在北方地区，防风设施、户外取暖设施的布局又成为开敞空间设计的重点。

另一方面，推广气候适应的空间形态设计，缓解热岛效应，为建筑节能提供良好的本底物理环境，也是街区尺度减碳的重要手段。在由多建筑组成的建筑群体中，由于其内部空间紧凑，建筑与环境之间能量交换更为集中和频繁，因此微气候环境的影响更为明显，且非隔热建筑群之间的微气候温度对能耗的影响较隔热建筑群更为明显。根据所在地气候条件，综合平衡自然通风与采光、遮阳、防寒等要求，形成布局合理的通风廊道。在2022年的成都大运会中就有"冷巷"的设计探索。"冷巷"利用"文丘里效应"加大步行街风压，提高风速，实现廊道内的气流通路，优化室内风环境，让人站在其中便如沐"空调冷风"。而建筑布局则利用地形高差设计错层建筑，减少土方开挖。通过街区建筑物理形态的组合变化，如冷巷、暖台、下沉广场等设计，营造了更低碳的建筑外部微气候环境。

2.3 交通维度：更低碳的交通与更宜人的出行

交通维度低碳技术的重点是构建多网协同、便捷可达的交通体系，匹配新型交通工具建设充电设施网络，营造低碳且舒适的出行环境。

2.3.1 从汽车到电车的迭代

（1）城市中的新型基础设施接口

伴随着新能源汽车的逐步推广，充电站网络已经成为城市空间中的新型基础设施接口。各国正不断鼓励对现有交通设施进行改造与预留，配置电动车充电桩，完善新型充电基础设施建设，并逐步成为推动新基建的重要途径和抓手。大巴黎都市地区规划开发至少10个低碳能源供应点，方便绿色电力、可再生气体、氢或其他能源驱动的低碳车辆使用，到2050年实现运输业100%使用可再生能源的目标[25]。

— 大巴黎都市区公共充电系统规划 —

自2004年起，大巴黎都市区便实施可持续交通战略以减少碳排放。作为2015年国际气候大会的主办方，其在执行《巴黎协定》的重要原则方面具有特殊责任和模范义务。《大巴黎都市区气候、空气及能源计划（2016）》提出三大交通战略转向，战略一为转向减少汽车交通，控制需求的出行模式，战略二为转向铁路、内河航道和积极出行（自行车与步行）交通模式，战略三为转向更清洁的汽车出行，持续提升清洁电动或混合动力汽车的普及率。这三大交通战略共同推动大巴黎都市区地区交通运输发展向净零碳排放和无污染方向迈进。

为逐步淘汰柴油和汽油动力车辆，到2050年实现运输业100%使用可再生能源的目标，大规模引入电力、氢或其他绿色气体等作为更清洁能源的供应来源。巴黎大都市地区开展公共充电系统规划，方便绿色电力、可再生气体、氢或其他能源驱动的低碳车辆使用。自2020年起，法律允许安装电气设备改装现有车辆（无论是汽车、两轮、三轮还是四轮，商用车、卡车或公共汽车）为电动汽车，所有注册超过5年的汽车或柴油车辆均可转换为电动、电池或燃料电池（氢）车辆。从碳足迹角度来看，从热能汽车转换为电动汽车可以防止旧车辆的丢弃，成为循环经济的一部分。一辆轻型汽车电气化成本约为8000欧元，

2020 年起法兰西岛为每一辆使用超过 5 年的汽车改装提供 2500 欧元补贴，因而车辆再利用比新购买的成本低，由此鼓励使用者个体交通工具的电气化。

新型充电基础设施技术正在不断迭代升级，"光充储"充放电一体化、社区停车场环行智能充电等前沿技术已进入推广阶段，传统加油站向综合能源服务站（油气氢电）改造也已初步实践。例如，中国石化山东济南石油第 58 综合加能站作为全国首座"净零排放"七合一综合加能站，已经可以实现储充发合一技术，即光伏发电、加油、加氢、加天然气以及换电一体化。

类似给水排水、供电等其他传统市政基础设施规划，充电站在空间布局规划时，也应以容量预测和供需匹配为空间布局的前提。但目前针对电动汽车应用的充电站建设规划布局理论尚未完整成熟，各地的充电站建设尚处于定点示范建设阶段，没有建立与车辆应用、电网规划、城市规划相结合的充电站布局选址理论。2023 年 6 月，国务院办公厅印发《国务院办公厅关于进一步构建高质量充电基础设施体系的指导意见》[26]。全国多个城市陆续尝试推出大规模建设充电设施的发展规划，北京市将建立3 km找到桩、核心区0.9 km找到桩的公用充电设施网络【27】；上海为了进一步保障新能源汽车的使用，将在中心城区和示范区优先建设公共快充网络，一辆车只需20分钟就可充80%的电【28】。

（2）将充电站作为消解电网峰谷差的一种手段

充电站基础设施配套可以是消解电网峰谷差的一种手段，但需要通过有效的设施互联。阿姆斯特丹市政府就联合多家电网运营商研究了如何将本地电网更加智能灵活地分配给汽车充电桩，以减少对电网的供给压力。该智能充电桩项目通过搭建充电桩数据软件平台，实时监控使用充电桩的车辆的数量变化，以此调控充电速度，在总体电力需求较少时为充电桩提供更多电力，以实现错峰供电。同时，在10个街区充电桩中实验使用轮换系统，根据电力情况灵活调配电力资源。上海市已建立市级充电设施数据采集与监测平台，实现了公用和专用充电设施平台化管理，通过充电设施互联互通破解充电负荷高峰问题，力争形成50万辆车、50万kW有序充电能力，实现网、桩、车融合发展。位于北京西城区的中再中心车网互动示范站于2020年投入运营，是全国第一个商业运营的V2G充放电站，即"车网互动"，具备V2G功能的电动车可以通过示范站内的12个充放电双向桩，在用电高峰时放电给大厦供能。

2.3.2 适合漫步和骑行的城市

除了面向新型交通工具的城市基础设施改革，构建低能耗、低污染、低排放的绿色交通体系同样重要。在满足社会经济发展和城市居民刚性出行需求的前提下，降低城市交通能源消耗量，通过发展公共交通、多人乘坐车辆给予路权优先等措施，降低单位客运量的碳排放强度。构建连续通达的慢行系统，引导城市居民低碳出行，打造适合漫步和骑行的城市，逐步减少城市交通领域对化石高碳能源的依赖，控制和减缓交通运输的碳排放[29]。

（1）一种新的密度：绿道网络密度

随着路权优先顺序的变化，一种新的道路密度概念开始受到重视。不同于传统市政道路网络密度，新的密度指的是城市空间中绿道网络的密度。通过建设连续舒适的慢行系统，提高绿道系统网络密度，连通骨干绿道空间布局，推进慢行交通网络的功能复合，保障慢行空间行人路权。

近年来，国内外城市绿道网络规划层出不穷，绿道更是已经成为各个城市亮丽的低碳名片。新加坡绿道（PCN：Park Connector Network）于1991年提出，迄今已持续建设了30年。今天的新加坡绿道长达300多km，结合居民点均匀地分布在全城各处，成为居民休闲健身的最佳场所。目前该计划还在持续，计划到2030年达到400 km[30]。深圳绿道始建于2010年，目前已建成长度达2448 km，绿道覆盖密度全省第一。不是走在绿道上，就是去绿道的路上，已经成为深圳的一种生活日常。欧洲绿色之都汉堡构建了渗透城市全域的绿色连接线，在河流或道路旁设置绿色步行道和自行车道，连接周围的公园、城市中心区及郊区，形成由贯穿城市内外公共空间的12条楔形绿轴、串联文化窗口与生活空间的2个城市绿环，以及渗透城市全域的绿色连接线及分散式公园绿点等共同组成的绿色网络结构[31]。

（2）让速度降下来的街道

为了形成适宜慢行的街道空间，让速度降下来的街道断面设计成为关键，很多城市正着手打造慢行街道、慢行社区。近年来，华盛顿特区（Washington D. C.）就在试图通过在一些街区实施慢行街道方案（Slow Street

Initiative），为居民们提供更多安全的户外公共空间以及更多种类的慢行通行方式。方案共覆盖26英里（约42 km）城市道路，主要通过控制街道开放程度和限速来建立步行和骑行友好的社区。慢行街道方案只适用于服务城市内部体系的市政道路，只有当车辆接近目的地（距目的地不超过两个街区）时，才可以驶入慢行街道。在慢行街道中，社区居民私家车、救护车、为社区生活运送必需品的非大型货运车辆以及垃圾收集车仍可通行，车辆最高时速不得超过15英里/小时（约24 km/h）[32]。

　　旧金山环湾车站也在打造适宜慢行的街道环境。例如通过增设出入口，在屋顶花园搭建天桥与周边大楼连接等措施，加强与车站周边街区步行联系。车站周边部分道路被改造为步行道，移除街道两侧的停车位，以便拓宽人行道，缩短人们穿越马路的距离，并能让司机及时注意到行人，减少事故率。该地区还颁布了规划细则，以指导环湾车站更外围街道的建设、改造，按照规划要求街道改造后，公共空间面积不能低于原有面积；鼓励街道两侧建筑底商改造，设置商业、餐饮、零售等功能，提升行人的步行体验，增加街道的人气。当然仅靠规划指导，不足以让街道沿线的业主们，牺牲自身利益让利大众[33]。

在这背后，推动私有空间转为共有空间的是POPS模式（Privately Owned Public Space），该模式的核心是通过容积率奖励等方式，鼓励私有空间公共化，实现公、私空间管理的制约与平衡。

因此，交通维度的低碳技术，不仅仅是推动出行交通工具、充电基础设施等硬件设施的技术迭代升级，还包括从以人为本的视角出发，通过营造适宜的慢行交通环境，例如独立绿道、慢速街道等设计措施，来引导低能耗、低污染、低排放的低碳出行，从而实现交通领域的减碳。

2.4 资源维度：新陈代谢与循环利用

高效可靠的资源利用旨在将城市发展过程中排放的废弃物进行减排、再利用，形成一种综合环境解决方案。通过把原有消耗资源并丢弃废弃物的线性系统，变成循环体系，使能源、固体废弃物和水资源彼此相互作用和利用，减少浪费。例如污水处理厂产生的余热可以为新区的区域集中供热和供冷系统提供能量，垃圾焚烧电厂可以为当地提供电能等。

这种资源循环利用的生产方式对于实现城市减碳极

其重要。城市空间资源循环系统的构建主要聚焦在固废资源、建筑垃圾处理和水资源利用三个方面，通过新型技术的运用营造集约循环的资源利用场景。

2.4.1 固废资源化再利用

（1）城市"零废弃"运动

城市"零废弃"运动是旨在通过促进废物的减量化和循环利用，重建可持续并且有活力的社区环境的系列行动。中国目前已经成为全球废弃物大国之一，随着建设生态文明被列为我国发展千年大计，如何处理快速增加的废弃物、改善环境资源困境成了我国城市发展必须解决的难题。2019年，上海人大会议通过了《上海市生活垃圾管理条例》，积极推进生活垃圾源头减量和资源循环利用，以实现生活垃圾减量化、资源化、无害化。"减塑行动""旧衣回收"等环保公益活动也越来越多，"零废弃"的概念开始成为人们讨论的热点。

在欧洲，"零废弃"理念从20世纪90年代就开始逐渐获得城市管理者的关注，许多城市加入"零废弃"运动的网络之中。其中，瑞典在"零废弃"运动中处于领先地位。自20世纪70年代开始，瑞典就在全国范围内逐步推行循环经济发展政策，其城市生活垃圾的循环利用率从1975年的38%上升到2016年的99%（其中约一半左右为材料循环利用，一半左右为以能量回收为目的的焚烧处置）。哈马碧湖城通过三级垃圾回收系统实现前端收集，通过水、废弃物、能源综合循环系统实现后端固体废弃物的100%回收。而哥本哈根利用食品的循环经济方式来减轻对进口化石燃料的依赖，从哥本哈根家庭和企业收集的厨余垃圾将用于生产沼气，直接输送至城市的天然气网络。2021年，哥本哈根收集了1.5万t厨余垃圾，可以转化为相当于500万次5分钟热水淋浴的能耗。哥本哈根市政府计划到2024年回收厨余垃圾总量的70%[34]。

瑞典南部城市马尔默的"零废弃城市"发展路径十分具有借鉴意义。传统市政废物管理系统主要聚焦于废物产生以后的末端处理环节，而生产者责任延伸制度的引入则是弥补了现代城市废物管理中的机制缺陷，通过重新划分废物管理的责任，让生产者对其产品承担更多废物管理的责任，从而激励企业从产品全生命周期的角度考虑资源效率和环境影响。生产者责任延伸制度的引入一方面为地方公共废物管理系统增加了一定的资金来源，另一方面促使企业有动力通过改进产品设计和商业模式的创新减少废物的产生，提高材料的可循环利用性，从源头激励废物减量和促进循环利用。而在硬件的基础设施建设上，形成与传统城市废物管理平行的回收渠道，例如探索应用真空抽吸的地下管道封闭式垃圾收集系统等新技术，实现特定废物品类的分流。

马尔默城市废物管理系统包含了城市及国家层级的基础设施营造、社区尺度的行为空间营造。从城市尺度来看，马尔默的废弃物管理系统采取了公私合作的经营模式。区域性的废物管理机构"公众与科学之南方水务"（VA SYD：Vetenskap & Allmänhet SYD）和斯萨乌（Sysav）都是政府成立的公共机构，对当地的城市废物收集有一定的垄断性。对分类回收后的废物进一步的加工、运输、利用则通过引入社会资本和私营企业，形成一定的市场竞争。无论是西港Bo01社区，还是奥古斯滕堡生态城，尽管社区内的垃圾收集设施略有差异，但垃圾分类的标准和流向都与马尔默市的城市废物管理系统相衔接。

从社区尺度来看，马尔默的分类回收空间主要考虑居民参与分类投放的便利性。首先居民在家中就需要按照垃圾分类投放标准，按材质将各种废弃包装、餐厨废物、有毒废物进行分类存放。社区中的回收小屋按照就近布局的

图12　西港Bo01社区和奥古斯滕堡生态城回收设施分布图

资料来源：马尔默规划办公室

原则，分布在整个社区内[35]。

（2）有机农场中的回收有机物

城市农业对城市的垃圾和有机物质循环有重要作用，大量绿化垃圾、厨房垃圾等有机废物都可以制成堆肥并用于耕种。美国明尼阿波利斯持续开展的"社区农园堆肥项目""后院堆肥计划"由固废处理和回收部负责，社会团体也发起了有机废物减量运动、零废物堆肥运动，致力于有机垃圾的减量和在地处理，也对堆肥的体积、位置和垃圾种类进行了明确规定。截至2018年，已有46%的居民参与有机物回收循环，回收有机物4400多吨[36]。

来自阿肯色大学社区设计中心（University of Arkansas Community Design Center）的团队提出"Food City"构想，

旨在打造一个具有弹性和自我生产能力的未来城市。他们所创立的农业生态模型填补了现代城市农业结构中的空缺，形成一个介于个体花园和大规模工业化农场间的中型城市农业空间，诸如绿色基础设施、公共绿地、食品加工和集散地等生态性的市政公共设施都将包括在内。除了当下临时的实践外，未来的城市农业将进一步向大规模养护、土地管理和废物回收再利用方向转变。通过堆肥系统、综合废物管理设施、垃圾深埋以及鱼菜共生的复合耕作系统等设计手段，实现市域尺度的土壤综合管理，以建构健康的土壤结构和种植媒介，为当地的农业生产打好基础[37]。

— 费耶特维尔2030：生产性城市愿景 —

费耶特维尔市（Fayetteville）位于阿肯色州的西北部，是该州繁华的地区，但也是儿童饥饿率最高的城市之一。到2030年，居住在费耶特维尔的城市人口将会翻倍，达到14万，而超过50%的所需住房用地尚未落成。什么样的城市基础设施能够满足其居民在食物上自给自足的需求呢？来自阿肯色大学社区设计中心的设计团队意图在这片将会有超过28%的儿童面临食品安全问题的区域，打造一个具有弹性和自我生产能力的未来城市。"Food City"灵活的空间规划手段不仅将高品质的食物生产融入了美国城市空间，同时也展示了城市基础设施在生态系统维护上的潜力。

"Food City"创造了一个完整的闭合环路，将原本彼此割裂的能源、食物、水源、生态和经济系统重新连接在一起。依照农业生态学，制定了5个具有相应功能的城市种植区：1.由现有多年生林地演变而来的永续／食用景观；2.需要密集养护的一年生农业景观；3.由行道果树和庭院农业组成的街道农业；4.保障城市农业环境安全的污染治理景观；5.利用城市污染水源，变废为宝的集中型农业生产。

除了种植策略以外，"Food City"在能源生产和废物管理中加入了回收利用策略，创立了关于水源和土壤的保护策略，以及居住、生产相互穿插的城市肌理。通过堆肥系统、综合废物管理设施、垃圾深埋等设计手段，实现市域尺度的土壤综合管理，在一定的时间尺度内建构健康、高产的土壤结构。而相互结合的农业景观和城市肌理则将实现完整的健康生态系统，包括授粉、控制水土流失、水位调节/供给、养分供应、土壤形成在内的17种生态系统的自然调节效果。

专栏图1 Food City堆肥园区的资源回收系统
资料来源：Fayetteville 2030：Food City Scenario

2.4.2 建筑垃圾资源化利用

建筑垃圾资源化处理是建筑全过程管理中的关键一环，也是实现全行业碳中和目标的重要抓手。提高建筑废弃物资源化利用效率，规范管理建设和运管过程中产生的建筑废弃物，可有效实现建筑垃圾处理的减量化、资源化和无害化。

据住房和城乡建设部提供的测算数据，我国城市建筑垃圾年产生量超过20亿吨，是生活垃圾产生量的8倍左右，约占城市固体废物总量的40%[①]。每万平方米新建筑的施工过程中，将产生500～600吨建筑垃圾；每万平方米旧建筑的拆除过程中，将产生7000～12000吨的建筑垃圾。2018年以来，住房和城乡建设部在35个城市（区）开展了建筑垃圾治理试点工作。2021年7月，《"十四五"循环经济发展规划》提出，到2025年，资源利用效率大幅提高，建筑垃圾综合利用率需达到60%。

然而，我国建筑垃圾资源化利用率与其他国家相比仍然存在较大差距。一些发达国家建筑垃圾资源化的利用率已经达到90%以上，美国、日本、欧盟等发达国家和地区基本已实现建筑垃圾"减量化""无害化""资源化"和"产业化"。究其原因，主要是国内建筑垃圾源头分类起步较晚，分出的可利用成分纯净度不高，资源化利用难度高，建筑垃圾资源化利用设施也还无法满足实际需求。

---

① 数据引自 https://www.gov.cn/xinwen/2021-12/09/content_5659650.htm.

相比之下，新加坡注重从源头上减少垃圾产生，通过建设建筑垃圾回收工厂，垃圾收集商会在建筑工地现场进行垃圾分类，之后再送至工厂进行回收利用，从中获取收益；如果直接把垃圾送到焚化厂或者填埋场，垃圾回收商反而需要支付相应的垃圾处理费用。新加坡国家环境局数据显示，2014年全年该国产生的建筑垃圾总量为126.97万吨，其中得到回收利用的126万吨，回收率达到99%。

日本通过对建筑垃圾产量进行预测，提出不同类型的建筑垃圾资源化利用方案，仅对"建设副产物"的细分就多达20余种，对应不同种类副产物适用的法律有所差异，采用的建筑垃圾资源化利用工艺也各不相同。日本国土交通省的调查显示，截至2012年底，日本建筑垃圾的再资源化率达96%，其中混凝土再资源化率高达99.3%[38]。

因此，对我国而言，在城市更新和存量住房改造提升中应优先应用建筑垃圾再生产品，可提高建筑垃圾资源化利用水平。在技术指标符合设计要求且满足使用功能的前提下，建设工程应选用建筑废弃物再生产品，合理采用通过产品认证的绿色建材。将建筑垃圾转化为建筑材料，既节约土地，又保护环境。如美国住宅营造商协会推广"资源保护屋"，其墙壁用回收的轮胎和铝合金废料建成，屋架所用的大部分钢料从建筑工地上回收得来，所用板材是锯末和碎木料加上20%的聚乙烯制成[39]。而新加坡政府从2011年起，开始允许建筑开发商使用再生混凝土骨料来建造不超过20%的建筑物结构。

2.4.3 水资源循环利用

（1）城市对于雨水的态度转变

水资源的利用及保护对于碳的减排与增汇都有所助益，在能源结构低碳化、废弃物碳减排和生态系统碳汇等方面都具有重要的支撑作用。传统的雨洪管理方法通常是开凿并拓宽水渠和河流，铺设混凝土驳岸，在增强水运输能力、减少坡岸侵蚀的同时却也破坏了自然水循环过程。水资源以单向循环为主，再利用水平比较低，随着我国城镇化进程的加快和国民经济的高速发展，水资源短缺和水环境污染日趋严重。重视水资源，循环利用水资源，合理开发利用，有效保护与综合治理，已经到了刻不容缓的阶段。

近年来，国内外开始推行新型雨水管理方式，包括

"最佳管理实践""低冲击开发""水敏城市设计"和"可持续性城市排水系统"等城市雨洪管理策略。这些城市雨洪管理多结合海绵技术，通过下凹式绿地、雨水花园、铺装植草沟、雨水调蓄池、生态滞留等措施实现年径流总量控制，通过雨污收集利用实现水资源的循环利用。利用雨水等非传统水资源，并将其作为景观绿化、道路冲洗、太阳能光伏降温等供给用水，建立雨水、污水等非传统水资源收集利用系统，可提高非传统水源利用率。

澳大利亚"水敏城市设计"（WSUD：Water Sensitive Urban Design）即将雨水管理与城市设计结合起来，将许多不同的设计措施共同组成一个"工具包"，为城市建设与城市水循环提供了一套通用的管理方法。一方面以水循环为核心，将城市水循环看作一个整体，统筹考虑雨水、供水、污水（中水）等各个环节，有效协调水生态系统的健康、雨洪管理、污染控制和经济发展之间的关系；另一方面，鼓励利用储蓄和收集处理装置，增加径流的再利用，减少径流量和洪峰流量，削减径流污染，并通过将多功能绿地、景观美化和水循环的有机结合来增强社会、文化和生态价值[40]。

新加坡在水资源管理方面的经验也值得借鉴。新加坡收集、储蓄降水的能力受国土面积的制约，加之气候变化影响，雨季与旱季的降水差异持续扩大，对新加坡地表跨季节存水量的平衡造成新威胁。因此，新加坡迫切地需要建设一套能够保证全年水量稳定且充足的水资源调蓄系统，克服气候因素带来的降水量波动对供水系统的冲击。公用事业局采取了以下水资源调蓄核心策略，包括：充分收集每一滴可利用的水资源，如结合土地利用设置大量集水区和雨水收集池；充分循环利用水资源，如在集水区内实施雨污分离，中后期较洁净的雨水处理后就近输送至水库，初期雨水及生活污水循环再生或外排入海；拓展水资源来源，使用包括集水区供水、进口水、新生水、海水淡化水等在内的多种水资源；启用灵活的海水淡化设施，如将淡化设施埋于地下，丰雨季可处理蓄水池淡水，旱季则可淡化海水[41]。

新加坡ABC水计划创造了新的雨洪管理思路，即雨水在排入公共河道之前，进入规划的雨水滞留系统（水箱、水池）以削减强降雨的高峰流量，减轻对下游水体的威胁。同时，雨水滞留系统是环境友好的绿色基础设施，将环境、水体、社区无缝衔接在一起。雨水花园、生物滞留沼泽和湿地不仅可以改善水质，还有利于恢复生物

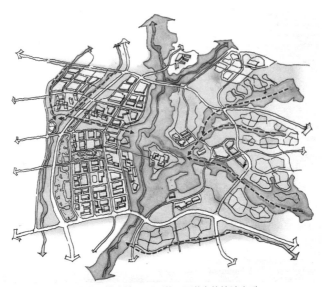

传统方案：降雨直接进入排水管网和河道，河道水位快速上升

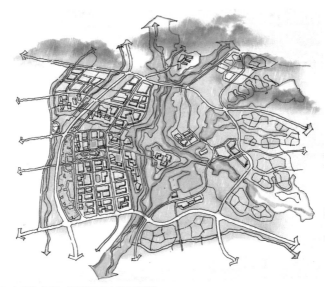

与水共生方案：降雨经雨水花园蓄滞

图13　与水共生的雨洪管理
资料来源：翁婷婷绘

多样性并创造美学效果。其中璧山宏茂桥公园改造中运用了生物微群落下渗系统，该系统既能充当天然净化设施，也可以"软化"河道，塑造可参与式景观，还可以维持物种平衡，实现水源涵养、生物保育与生境优化的生态友好型结合。

— 新加坡 ABC 水计划 —

ABC水计划的全称是"Active，Beautiful，Clean Waters Programme"，新加坡政府将该项目的中文名称定为"活力、美丽、清洁全民共享水源计划"。项目名称中的"活力"是指创造充满活力的亲水娱乐和社区空间；"美丽"是指改造混凝土水渠使之与城市绿色环境融合成为美丽水景；"清洁"是指通过水资源的整体管理，利用公共教育培养更和谐的人水关系来保持水源清洁，改善水质。

ABC水计划由新加坡公共事业局（Public Utilities Board）于2006年启动，是综合性的城市环境提升举措，旨在使新加坡的排水管渠和水库超越传统的排水和蓄水功能，转变为干净美丽的河流和湖泊，并融入整个城市环境，在成为可供社区活动和市民娱乐的新型城市公共空间的同时增加城市生物多样性。通过整合环境、水体和社区，公共事业局提升了新加坡人对水资源的管理意识，已成功使整个城市成为一个关于水资源和自然教育的室外课堂。除了将水景引入城市环境和人们日常生活外，ABC水计划也与城市的雨洪管理密切相关。在降雨过程中，ABC水计划利用自然生态系统暂时滞留雨水，减少城市排水管渠网络的峰值径流，从而降低城市内的洪涝风险，同时雨水水质在流经生态系统并最终汇入集水区的过程中得到净化和提升。

ABC水计划是一个覆盖新加坡全域的系统性项目，包含总体规划和不同类型的具体子项目，其中碧山—宏茂桥公园及加冷河景观复兴工程正是代表项目之一。ABC水计划的整体性体现在土地使用和多部门多机构合作上。突破土地使用的物理管理边界，整体利用土地创造市民的娱乐休闲空间是实现ABC水计划的基本条件。ABC水计划打破了典型土地利用规划的方式，之前规划为绿地、住宅和水系等不同用地功能的限制得以解放，整合土地后进行整体规划，鼓励各类土地、基础设施与绿色和水体空间相结合，最大限度地释放出排水管渠及其沿线土地价值。

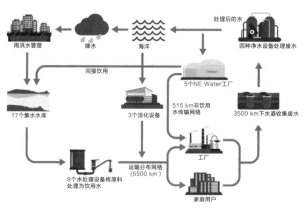

专栏图2　新加坡水资源循环利用流程

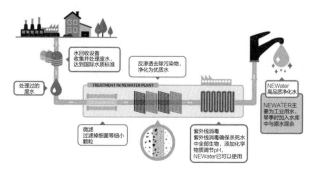

专栏图3　新加坡新生水（NEWater）技术流程

资料来源：《ABC水计划设计导则》

（2）坚固的供水管网

随着城镇化发展，我国城市和县城供水管网设施建设成效明显，公共供水普及率不断提升，但统计显示，2020年我国城市和县城供水管网综合漏损率为13.26%[①]；2019年全国城市、县城公共供水管网漏水量近百亿吨，这相当于700个西湖的蓄水量[42]。相比之下，世界先进国家的漏损率很低，美国的漏损率为10%，日本的漏损率为8%，而在丹麦，这一数据仅为5%。

国家发改委、水利部联合印发的《国家节水行动方案》《"十四五"节水型社会建设规划》都要求，大力推动全社会节水，全面提升水资源利用效率，形成节水型生产生活方式，保障国家水安全，促进高质量发展。住房和城乡建设部办公厅、国家发展改革委办公厅2022年发布的《关于加强公共供水管网漏损控制的通知》要求，到2025年，全国城市公共供水管网漏损率力争控制在9%以内。

在节水型社会建设的大背景下，各地区都在不断实施降低管网漏损率、推进分质供水等措施，提升水的使用

---

① 数据引自《中国城乡建设统计年鉴（2020）》。

率，减少水资源浪费，有效降低城市碳排放。例如，部分城市加快提高市政管网建设水平，采用高性能管材管件，推进智慧化分区计量管理，可降低供水管网漏损率。有的地区通过应用智慧水务，通过数采仪、无线网络、水质水压表等在线监测设备实时感知城市供排水系统的运行状态，采用可视化的方式有机整合水务管理部门与供排水设施，形成"城市水务物联网"从而降低水漏损[43]。

分质供水也可提升水资源使用率，这种理念在新加坡体现为"新水"行动。在新加坡，每个角落收集到的水都连接到一个单一的污水处理系统，只要居民冲厕所或打开水龙头，形成的污水就会被收集起来，经过处理之后会被再利用，这种被再利用的污水被称为"新水"。目前，"新水"主要用于水制造工厂或者其他行业。

2.5 智慧维度：定制化与交互性

近年来，随着云计算、大数据、物联网等现代 IT 技术的快速发展，世界各国对"智慧城市"理念已达成了广泛共识，建设智慧系统并应用于能源的闭环管理，对于城市减碳具有重要意义。减碳智慧系统由基础数据收集、信息协调平台、智慧反馈机制等三部分构成，将物理层面的支撑技术与数字信息技术相结合，可以实现对能源利用数据信息进行系统整合和优化决策，实现减碳系统效率提升和控制管理优化。

2.5.1 数据层：闭环管理

减碳智慧系统首先是在数据层实现对能源的闭环管理，重点是通过构建城市信息系统（CIM），集成智慧能源、智慧交通、智慧建筑、智慧市政等系统，感知、收集、监测各类能源活动，形成能耗感知"一张网"。通过综合能源监测平台，对片区工业、建筑、交通、居民生活等城市活动进行能源监测与调控；接入智能化城市综合交通综合管理信息系统，监测交通流量实现联动分析。如上海徐汇区漕河泾开发区搭建了总控管理平台，集成了各类能源的活动数据，并可实现碳排放的定量化核算，实现了数据层的能源闭环管理。新加坡登加新镇规划中开发了 My Tengha APP，可以实现对社区内所有建筑能耗进行监测。上海 2 万 m^2 以上公共建筑均要求安装分项计量装置，目前已有 2017 栋公共建筑完成安装并实现与能耗监测平台的数据联网。我国当前的建筑用能监测还集中在公共建筑的电力领域，未来智慧数据收集将向监测对象与数据类型的全收集推进，实现数据的完全闭环管理。

2.5.2 协调层：多能协同

在协调层，基于数据层的监测数据对风、光、冷、热、天然气等多种能源进行协调，实现的功能包括负荷预测、用能监测、能耗定额管理、能耗诊断和审计、能源费用统计、能源调度、设备控制、综合可视化等。建立智慧能源管理中心，则可以对管网实行能源调度、分布自治、远程协作和应急指挥。构建智慧建筑运维中心，对绿色建筑实行能源调峰、垃圾调度等工作。例如，在炎热气候区，制冷期间用电量负荷会较平时增加90%，当收集的数据显示用电负荷过高、增长过快等，通过平台分析将相关信息反馈至负荷过高单元，提醒单元采取调节措施，或者干预居民用能行为。尤其是近年来，用能行为已成为建筑能耗的主要影响因素之一，事实证明居民用能行为在受到干预措施影响时，其表现出的总体建筑能耗值会大大降低。

2.5.3 反馈层：智慧优化

反馈层一般通过对空调、电梯、照明、电器等使用行为数据的广泛收集并归纳得到消费端的行为模式和趋势，构建用能行为模型。以用能行为模型为基础，结合温度、湿度、日照变化，提前预判用能行为趋势及变化，实时自动调节空调用能、照明用能、电梯用能和插座用能。空调用能方面，建筑空调系统将根据实时气温和湿度的变化，结合建筑内部人员密度变化，自动调节空调温度和通风系统，在保证人体舒适度的同时尽可能实现用能降低。照明用能方面，预设多个灯光场景，从而根据时间、场所的功能和室内外照度来自动调整照明方案。新加坡登加新镇使用了智能照明系统，根据人员流量自动调节照明，实现节能50%。电梯用能方面，基于海量电梯使用数据预判人流变化，自动调整电梯运行算法，实现最高效率的电梯调度方案。插座用能方面，自动感知监测插座的实时用能情况。总体来说，减碳智慧系统的反馈层通过用能行为模型，根据行为和天气变化，智慧化调节建筑内的用能，实现舒适与高效相平衡的用能方案。

2.6 小结

能源革命大背景下，绿色低碳技术持续裂变迭代，已经形成一个涉及城市全要素、全地域、全过程的复杂技术系统树。基于城市碳排放溯源，影响城市碳排放水平的因素涵盖城市能源、产业、建筑、交通、土地利用等多个领域。为实现"双碳"目标，面向低碳社会的城市规划新方法应重点关注能源、交通、建筑、资源和智慧五大技术维度。

能源维度上，打破传统规划功能分区的方式，在能源变革视角下重新考虑空间布局和功能布局。城市空间布局与能源系统的发展从各自独立作用转变为相互耦合演进，通过太阳能辐照模拟等方式优先布局产能空间，推动功能空间与产能空间互动。城市发展模式、边界控制、功能混合、建筑密度等空间特性与城市能源"供、输、用"等系统环节密切相关。在能源供给侧，促进了从大电厂、大电网到微能站、微能网的转型；在能源需求侧，城市空间密度和土地混合使用强度成为影响城市能源消费特征的关键因素。

交通维度上，城市规划的技术导向在一定程度上决定了城市居民的交通选择，进而影响城市交通能耗和碳排放。低碳社会要求更绿色的交通工具和更宜人的出行方式。因此规划技术应导向公共交通工具，营建更多适合漫步和骑行的街道环境。同时，建设新型基础设施网络，将充电站作为消解电网峰谷差的一种手段。

建筑维度上，规划技术方法应推动建筑领域从耗能到节能、最终实现产能的转变。针对建筑单体，在城市整体层面制定建筑节能专项规划策略，推动低碳建筑规模化发展，鼓励建设零碳建筑和近零能耗建筑，提高建筑节能标准。针对建筑群体，管控"中层中密度"的街区形态，设计气候适应的建筑群体，能够有效降低街区尺度建筑能耗。

资源维度上，重点应在规划前端搭建起能源、固体废弃物、建筑垃圾和水资源循环利用的新型设施系统，聚焦在城市尺度的基础设施、政策框架、社区尺度的空间营造。通过建立垃圾回收系统、建筑垃圾回收工厂、绿色雨水基础设施等，促进资源的新陈代谢和循环利用。

智慧维度上，在数据层、协调层和反馈层的三个环节实现智慧化。数据采集上通过闭环管理，从基础设施层的物联感知到智能中枢层的政务数据、国家统计数据、行业数据等数据的融合汇集，形成统一的碳排数据汇总。平台协调是基于实时用能数据，根据天气变化，对风、光、冷、热、天然气等多种能源进行协调，实现用能系统的高效协同。调节反馈是指在用户用能行为的基础上，自动调节照明、空调、电梯等建筑用能系统，减少能源浪费。

本章参考文献

【1】 罗巧灵，胡忆东，丘永东.国际低碳城市规划的理论、实践和研究展望[J].规划师，2011，27（05）：5-10+27.

【2】 能源发展与政策.专家视点｜陈清泉院士："四网四流"融合最核心的是能源网[EB/OL].（2021-12-02）. https：//mp. weixin.qq.com/s/COyKLz3vA8pAc1c5JYK0iw?.

【3】 任洪波，刘家明，吴琼，等.城市能源供需体系与空间结构的耦合解析与模式创新[J].暖通空调，2018，48（01）：83-90.

【4】 Baldwin，Eric.UNStudio公布荷兰海牙"中央创新区"规划，应对未来城市发展及可持续性[EB/OL].（2018-12-07）. https：//www.archdaily.cn/

【5】 龙惟定.需求侧能源规划顺应供给侧结构改革——写在《城区需求侧能源规划和能源微网技术》前面的话[J].暖通空调，2016，46（06）：135-138.

【6】 龙惟定.智慧能源城市——需求侧能源规划的理论和实践[EB/OL].（2017-10-18）. http：//www.tjupdi.com/new/?classid=9164&newsid=17386&t=show

【7】 国际能源署（IEA）.2021年可再生能源报告——至2026年分析与预测（Renewables 2021 Analysis and forecasts to 2026）[EB/OL].（2021）. https：//www.iea.org/reports/renewables-2021

【8】 the Ministries of Sustainability and the Environment（MSE），Trade and Industry（MTI），Transport（MOT），National

Development（MND），and Education（MOE）.新加坡绿色规划2030[EB/OL].（2021-02）. https：//www.greenplan.gov.sg/

【9】 张翀.从"碳中和"到"气候中和"：哥本哈根的绿色发展战略与实施框架[EB/OL].（2021-04-25）. https：//sghexport.shobserver.com/html/baijiahao/2021/04/25/417209.html

【10】李航，邱迪.国海证券.储能行业专题研究：从调峰、调频角度看我国电化学储能需求空间[EB/OL].（2022-01-22）. https：//cj.sina.com.cn/articles/view/7426890874/1baad5c7a001011awp

【11】国际能源署（IEA）.全球能源行业2050年净零排放路线图（Net Zero by 2050，A Roadmap for the Global Energy Sector）[EB/OL].（2022-05-18）. https：//www.iea.org/events/net-zero-by-2050-a-roadmap-for-the-global-energy-system

【12】国家能源局.国家能源局关于2021年风电、光伏发电开发建设有关事项的通知（国能发新能〔2021〕25号）[EB/OL].（2021-05-11）. http：//zfxxgk.nea.gov.cn/2021-05/11/c_139958210.htm#.

【13】国家发展改革委，国家能源局."十四五"现代能源体系规划[EB/OL].（2022-01-29）. http：//www.nea.gov.cn/131052 4241_16479412513081n.pdf

【14】山东省人民政府.山东省能源发展"十四五"规划[EB/OL].（2021-08-9）. http：//www.shandong.gov.cn/art/2021/8/13/art_307622_10331955.html

【15】成都市经济和信息化局.成都市"十四五"能源发展规划[EB/OL].（2022-06-17）. https：//www.sc.gov.cn/10462/

zfwjts/2022/3/4/f09dbec42f7349589d042145437004a6/files/
d419212a2d6e44a1aefc3e7cc6505041.pdf

【16】时下.机电商报.国家能源局：2030年实现新型储能全面
市场化发展[EB/OL].（2021-08-09）. http：//www.meb.com.
cn/news/2021_08/09/8302.shtml

【17】李敬如，原凯.国家电网报.区域能源互联网：配电网发展
的高级形态[EB/OL].（2020-07-07）. http：//www.chinasmart
grid.com.cn/news/20200707/636076.shtml

【18】王凯.碳中和愿景下的城市绿色发展[EB/OL].（2021-06-20）.
https：//www.thepaper.cn/newsDetail_forward_13218706.

【19】上海市住建委.关于推进本市超低能耗建筑发展的实施意见
（沪建建材联〔2020〕541号）[EB/OL].（2020-10-30）. https：//
zjw.sh.gov.cn/gztz/20201230/ccb9381671594a0baa5fdac19d
4f6160.html

【20】冷红，宋世一.城市尺度建筑节能规划的国际经验及启示
[J].国际城市规划，2020，35（03）：103-112.

【21】Quan S，Economou A，Grasl T，et al. Computing energy
performance of building density，shape and typology in urban
context[J]. Energy Procedia，2014（61）：1602-1605.

【22】刁喆.哈尔滨老城区街区尺度建筑布局对街区建筑能耗影
响[D].哈尔滨工业大学，2018.

【23】郑德高，董淑敏，林辰辉.大城市"中密度"建设的必要性
及管控策略[J].国际城市规划，2021，36（04）：1-9.

【24】L'Eco-cité Zenata[EB/OL].（2020）. https：//zenataecocity.
ma/eco-cite-zenata/.

【25】孙婷.碳中和背景下法国大巴黎都市区交通策略[J].国际城市规划，2022，37（06）：150-155.

【26】国务院办公厅.国务院办公厅关于进一步构建高质量充电基础设施体系的指导意见[EB/OL].（2023-06-19）. www. gov.cn/zhengce/content/202306/content_6887167.htm

【27】北京市城市管理委员会."十四五"时期北京市新能源汽车充换电设施发展规划[EB/OL].（2022-08-05）. https：//www. beijing.gov.cn/zhengce/zhengcefagui/202208/t20220809_ 2788814.html

【28】上海市交通委员会.上海市新能源充（换）电设施"十四五"发展规划（求意见稿）[EB/OL].（2021-09-02）. https：// jtw.sh.gov.cn/dczx/20210902/4a9bfb3132554a09844497f5cc3 6b2e0.html

【29】王凯.中国城镇化的绿色转型与发展[J].城市规划，2021，45（12）：9-16+66.

【30】段义猛.写在新加坡概念规划实施50周年——暨《借鉴与创新——新加坡城市规划与青岛蓝谷科技城规划实践》出版有感[EB/OL].（2022-09-29）. https：//mp.weixin.qq.com/ s/YW3Kbx82CTsc-DyUQHrewA

【31】王阳，刘琳，李知然.德国"欧洲绿色之都"汉堡市营建经验及其对我国公园城市规划的启示[EB/OL].（2022-08-09）. https：//mp.weixin.qq.com/s/MOzJ86PLDhSBw8vO2_L3lg

【32】Liz Farmer.华盛顿特区的城市慢行交通实践（Not So Fast：Lessons from Washington，DC's Experiment with Slow Streets）[EB/OL].（2021-06-03）. https：//www.lincolninst.

edu/publications/articles/2021-06-not-so-fast-lessons-from-washington-dcs-experiment-with-slow-streets.

【33】PCPA. TOD：走向韧性城市[EB/OL].（2020-09-10）. https：//www.archiposition.com/items/d2e7ebbaa1.

【34】Magnus Højberg Mernild. 哥本哈根利用废弃食物产生的沼气取代天然气（Biogas from Copenhageners' food waste can now replace imported natural gas）[EB/OL].（2022-10-07）. https：//stateofgreen.com/en/news/biogas-from-copenhageners-food-waste-can-now-replace-imported-natural-gas/.

【35】罗朝璇，童昕，黄婧娴.城市"零废弃"运动：瑞典马尔默经验借鉴[J].国际城市规划，2019，34（02）：136-141.

【36】高宁，张佳，胡迅.为城市农业"辩护"——城市农业规划策略探讨[J].国际城市规划，2021，36（02）：84-90.

【37】University of Arkansas Community Design Center. Fayetteville 2030：Food City Scenario[EB/OL].（2015）. https：//www.asla.org/2015awards/94716.html

【38】侯磊，马合生，吴迪，等. 2019年建筑垃圾管理国际经验借鉴[M]//李金惠.中国环境管理发展报告（2019）.北京：社会科学文献出版社，2020：223-228.

【39】赵春艳.民主与法制时报.建筑垃圾在国外发达国家的命运如何？[EB/OL].（2016-01-22）. https：//www.chinacace.org/news/view?id=6931

【40】张玉鹏.国外雨水管理理念与实践[J].国际城市规划，2015，30（S1）：89-93.

【41】陈天，石川淼，王高远.气候变化背景下的城市水环境韧性规划研究——以新加坡为例[J].国际城市规划，2021，36（05）：52-60.

【42】新华视点.世界水日丨一年漏掉700个西湖[EB/OL].（2021-03-22）. http://www.xinhuanet.com/politics/2021-03/22/c_1127240488.htm

【43】陈慧.国际城市水务管理的特点与经验借鉴——城市水务管理问题研究之一[J].生产力研究，2014（07）：91-94.

第 3 章
CHAPTER 3

行为逻辑：技术进化下的生活方式变革

▌ 迈向低碳社会 ▌

在低碳技术不断革新的未来，人的生活方式也会发生变化，这些变化将体现在衣、食、住、行等日常生活的各个领域，影响着日常生活中的碳排放。需要注意的是，日常生活的减碳不是通过降低质量、控制物欲来实现，而是在物质环境不断改善的当下和未来，追求生活方式的"高质量"转变。

联合国环境署《2020年排放差距报告》显示，全球约2/3的排放与家庭生活有关，其中，食品、居住和交通部门各自贡献了约20%的生活排放[1]。目前，中国居民生活碳排放占比在50%左右，预计随着我国工业化进入后期，居民碳排放的占比仍将会不断增大。

具体而言，居民的生活碳排包括居住、工作、交通、消费、游憩五大方面的能耗。其中，居住能耗包含空调、暖气、照明、家电、热水、厨房等；工作能耗包括楼宇运转、办公活动等；交通能耗包括小汽车、轨道等交通工具出行带来的碳排量；消费能耗包括生产和供应各类产品产生的碳排量；另外，游憩活动是日常不可忽略的生活场景，也会产生能耗。因此，下文将从人本视角的五大方面展开，探究从人的行为逻辑出发，如何实现低碳生活。

3.1 居住：人人出力的低碳社区

3.1.1 居住舒适性需求带来碳排增长

中国家庭用电量占住房碳排的1/3以上[2]，具体而言，住宅能耗中的41%为照明及家电耗能，31%为厨房，19%为空调及暖气，9%为热水。对比欧美、亚洲发达地区的城市用能结构，发现存在明显的差异，欧美地区主要住宅能耗偏向空调及暖气，亚洲地区偏向热水和厨房。中式厨房是减少碳排需要克服的难题，中国人的饮食文化、烹饪习惯决定了我国城市厨房碳排是英国、美国、新加坡的4～5倍。

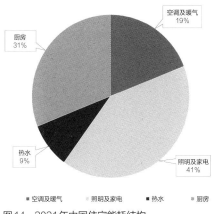

图14　2021年中国住宅能耗结构

资料来源：Our World in Data

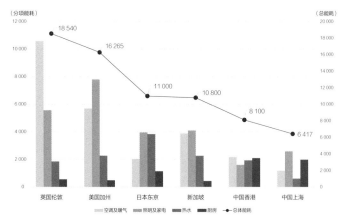

图15 国内外城市住宅能耗分项对比MJ/(人·年)
资料来源：Our World in Data

　　根据国际能源署的研究，以2012年为基准年进行测算，若中国维持现有节能政策及设计标准，到2050年，中国居住建筑能耗结构为：照明及家电占比40%，空调及暖气占比26%，厨房占比19%，热水占比15%；而在温控2℃节能目标下进行推算，到2050年，中国居住建筑能耗结构为：照明及家电占比35%，空调及暖气占比28%，厨房占比15%，热水占比22%[3]。

　　但实际上，人们对居住舒适性的需求将不断提升。居民能耗需求也将随之不断提升，近年来越来越多样的智能家居产品就是需求升级的一种体现。如何把控能耗需求与节能效率的消长速度，是居住碳排的难点。分析各类用

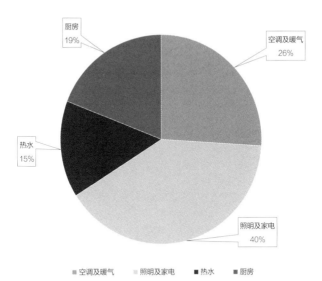

图16　现有节能政策下2050年中国居住建筑能耗结构

资料来源：IEA（2015a）. *Energy Technology Perspectives 2015*

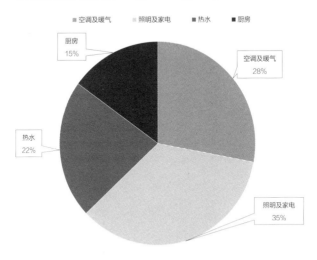

图17　2℃节能目标下2050年中国居住建筑能耗结构

资料来源：IEA（2015a）. *Energy Technology Perspectives 2015*

能设施，照明及电器虽然使用频率也会增长，但是受益于节能技术的发展，其能耗整体呈现下降趋势，而其他领域的能耗将持续增长。以中国香港为例，近十年期间住宅的能耗有略微增长，其中主要的增长领域是空调、暖气和热水，主要下降的领域是照明和家电。因此综合能耗来源和未来能耗需求变化趋势，预测厨房、照明及家电的节能潜力较大。

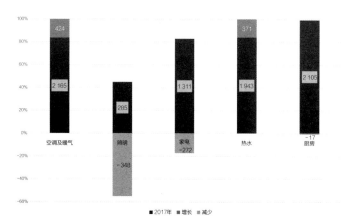

图18　2007—2017年中国香港住宅能耗结构变化MJ/（人·年）
资料来源：机电工程署《香港能源最终用途数据（2019）》

3.1.2　低碳社区：未来生活的新场景

低碳社区的构想，旨在减少人类对自然资源的消耗和对环境的破坏，通过可持续发展和绿色生活方式，为未来创造一个更环保、可持续发展的社区。主要的行为变化包括自给自足的能源使用、全电住宅与节电型设施、看不见的气力输送系统和人人签署的低碳社区公约。

（1）自给自足的能源使用

未来的居民住宅可以利用可再生能源，减少对传统能源的依赖，并结合智能能源管理系统，使用住宅自行产生的能源，从而满足电力、热水和其他能源需求，实现自给自足的能源使用。能源供给方面，最为常见的是在住宅屋顶或周围安装太阳能电池板，通过吸收太阳光将之转化为电能。对于气候条件适宜的地区，也可以通过安装风力发电机，将风的动能转化为电能。这些电能可以直接用于供电，也可以储存于电池中，以备不时之需。因此，住宅内的蓄电池储能系统十分必要，储能形式可以是蓄电池或新能源汽车。通过储能设施，可以储存使用后多余的电能，以便太阳能或风力供电不足时使用，确保能源的平稳供应。为了更好地调节发电量与用电量，在住宅内安装智能能源管理系统是一个更完善的选择。通过智能电网技术和能源管理系统，实现对能源的优化管理和分配，根据住户需求和能源情况，合理调度能源使用，提高能源利用效率。以日本藤泽SST可持续发展智慧住区为例，该项目实现了100%自给自足的能源系统构建。一是全光伏覆盖。所有独立房屋、设施均配有太阳能发电系统和蓄电池。二是提供超大的装机量与储电量。户均2.5 kW，日均发电量16 kWh，正常情况下，可以满足一户的日常生活需要；全小区共3 MW，储电量在极端情况下可支撑3天。三是每栋建筑拥有独立的发储充系统和家庭分布式智能系统。前者调节"发电—储能—用能"，后者实现家庭能源智能化管理，可将富余电力网上售出。四是能源可视化。整个住区的能源信息可通过家庭和商业设施中的智慧电视或社区APP进行查看[4]。

另外，居民还可以使用集中供能，由能源站和集中供能系统统一调节日常生活所需要的供暖、供冷和热水等需求。以登加新镇为例，其能源基础设施由新加坡电力和天然气公司（SP Group）投资运营，主要包括区域集中供冷系统（CCS）和垂直建筑集成光伏系统（BIPV）。为鼓励清洁电力使用，SP Group为客户提供关税优惠、电力折扣、支付奖励等福利。登加的区域集中供冷系统在全生命周期中可为居民节省30%的成本，吸引了3 500多户家庭签约使用[5]。

未来，住宅通过自给自足的能源使用，可以减少对传统能源的依赖，降低碳排放和能源消耗，实现更环保和可持续的生活方式。同时，住户也可以减少能源开支，享受更经济、更高效的能源供应。

（2）全电住宅与节电型设施

步入全电住宅，可以立刻感受到与传统住宅不同的氛围。整个房屋都采用了电力供应，插上房屋配备的智能插座，生活将更加智能、便捷和节能。在全电住宅中，每个房间都配备了高效的节能设备。客厅内安装更高效节能的照明系统，且灯具具备自动亮度调节功能，可以通过感知周围环境的亮度和人的存在，根据需求自动调节照明强度，节省能源的同时创造出最佳的舒适氛围。浴室内的电热水器高效且节能，节约能源的同时确保能享受到恒定的热水供应；旁边的智能镜可显示最近使用热水的时间和能源消耗情况，提醒住户实时关注节约能源的重要性。厨房内从冰箱到洗碗机、微波炉，所有家电都是以高效能耗为基础的节能型设施；冰箱内部布满智能感应器，可以根据食物种类和数量，自动调整温度和能源消耗，确保食物保鲜的同时最大限度地降低能源浪费。此外，全电住宅还配备了智能能源管理系统，它通过智能电网技术，实现对能源的监控和分配。系统会实时监测能源使用情况，并根据住户的行为和时间模式进行优化调度，最大限度地减少能源浪费。例如，当人离开房屋时，智能系统会自动将不需要的设备关闭或者调整其进入节能模式，确保不浪费任何一分能源。

目前全电住宅尚在探索中，以美国加州尔湾商业中心零碳社区City Square为例，一是安装了光伏发电与太阳能监视器，每个单元都有自己的12面板、4 kW阵列，可监测每个家庭的能源系统运行情况；二是构造保温隔热系统，降低房屋内耗，且房屋保温措施采用了喷涂泡沫，与普通的棉和木屑材料相比，隔温效果倍增，既隔温又隔声；三是全面使用Energy Star（节能之星）电器等电气化设备，包括太阳能电池板、带HVAC系统的紧凑型热泵和冷凝式混合电热水器，以及电动热泵烘干机和节能洗衣机等[6]。

而国内已经开始试点公共建筑推广全电厨房，比如，江苏省2021年建成商用级全电厨房4 023个，建设范围涵盖全省各市、区、县，数量为上一年同期的2.4倍[7]。这种商用级全电厨房可显著提升厨房的安全系数，同时，电磁灶的加热效率是燃气灶的3倍，电厨具的用能成本可节约20%～45%，平均可减少碳排放30%以上。住宅全电厨房也开始进行试点，厦门已在海沧生态花园住宅项目中进行居住建筑电气化实践。该项目为超高层住宅，考虑到防火安全问题，不设置传统的天然气入户，开发商为每个住户配置了电陶炉灶，实现全电厨房[8]。

综合而言，全电住宅与节电型设施使居民从热水、供暖、照明到家电使用，都可以更智能、便捷地利用电能，减少对传统能源的依赖，提供了更高效、环保的能源解决方案，并让生活更加舒适、节能且环保。

（3）看不见的气力输送系统

生活垃圾气力输送系统是一种高效、智能的垃圾处理系统，将垃圾从家庭直接送往集中处理中心，实现便捷、卫生和环保的垃圾处理。在未来的小区中，每个小区都配备了一个智能垃圾分类系统，当产生垃圾时，只需要将垃圾放入对应的分类容器中，系统会自动进行识别和分类。这些垃圾分类容器与气力输送系统相连，投入垃圾后该容器会自动密封并关闭，同时启动气力输送系统。系统中的强力气流将垃圾迅速吸入管道，通过管网迅速运送至集中处理中心。管道系统采用灵活且坚固的材质，经过精密设计和安全措施，防止垃圾泄漏和异味扩散。到达集中处理中心后，垃圾经过再次分类、压缩和处理。可回收物被提取出来，进入相应的回收过程，有机废物则用于生物能源发电或有机肥料生产；非可回收垃圾和有害垃圾则经过高效处理，最大限度地减少对环境的负面影响。

以天津中新生态城为例，其建成了全国首个也是规模最大的生活垃圾气力输送系统，并通过垃圾智能回收平台回收可利用资源。生活垃圾气力输送系统终端位于各小区内，由物业负责投放，有效解决了垃圾运输途中二次污染问题。目前垃圾分类收集率达80%，餐厨垃圾回收和资源化利用率达100%。同时，还搭建了垃圾智能回收平台，居民免费办理积分卡后，投放可回收物将获取有效积分。这些积分可用于兑换垃圾袋，或使用社区中心的乒乓球桌、台球桌等运动设施，居民参与率达到60%以上。

同样在新加坡登加新镇的建设中，政府将该地规划为气动垃圾收集系统区（DPWCS），要求建设自动垃圾收集系统（PWCS）。《新加坡可持续蓝图2015》提出的"零废国家"的四项基本措施之一，就是要求在所有新建组屋中应用该系统；《新颁布的公共环境卫生法》也规定，未来500套住宅的新非有地开发项目必须使用该技术。

（4）人人签署的低碳社区公约

低碳社区不仅关注物质空间建设，还要推广低碳理念，培养社区低碳文化的凝聚力。形成低碳社区公约是一种建立人与人之间绿色生活、低碳共享精神纽带的方式，并有利于形成更多体验丰富的社区低碳生活场景。例如，建立面向公众的个人碳账户体系，将个人节能减排贡献转化为碳积分入库，按照比例换算成"碳币"发放到公众个人账户中，换取商业优惠或生活福利；同时，提升公众对自身节能降碳行为的感知。低碳社区公约还可以通过低碳社区营建活动加以巩固，编制促进低碳绿色生活方式的社群营造方案，开展绿色低碳社群营造，进而由社区组织开展旧物交换、环保教育、低碳科普等专题活动。例如，中国台湾在居民入住低碳社区时签订《低碳生活公约》，对居民生活方式提出包含衣、食、住、行各方面的低碳建议与要求。

— 中国台湾低碳社区实践 —

2010年，中国台湾正式启动"低碳示范社区"项目，项目执行期为5年，台湾地区环境保护主管部门为低碳社区项目执行主体，跨部门联合交通、地政、户政部门及县市行政管理部门，同时，联合工业设计研究院和台湾建筑中心两个专业设计研究机构，共同参与低碳示范社区建设。通过社区自愿报名、县市行政管理部门推荐及专家评审现场踏勘，最终选取覆盖22个县市114个社区，作为低碳示范社区。

为了指导低碳示范社区建设和向民众宣传普及低碳社区，台湾地区环境保护主管部门编制《低碳社区建构手册》，从环境绿化、低碳建筑、资源循环、节约能源、再生能源、低碳运输和低碳生活七个方面提出对应的减碳措施。

环境绿化方面，建议开展墙面绿化，增加遮阳和减少建筑物热量吸收；实施屋顶绿化，增加绿化面积；对边坡进行绿化，增加碳汇和水土保持作用。低碳建筑方面，通过外墙绿化和加设隔热层，增加墙面隔热效果；通过涂刷浅色漆、铺隔热砖、屋顶绿化等措施达到屋顶隔热效果；加装遮阳设施，安装通风塔，形成自然通风效果。资源循环方面，采用透水性铺装，使用节水设备，通过屋顶和地表收集雨水并进行再利用；利用厨余垃圾和落叶进行堆肥，对生活垃圾进行回收分类。节约能源方面，加强能源系统智能管理和检测，社区公共照明使用节能灯，采取措施促进电梯节能，社区公共厕所安装节能抽水马桶。再生能源方面，利用屋顶铺设光伏电板，安装太阳能热水器，发展中小型风力机。低碳运输方面，提升步行环境的舒适性，设置自行车专用道，设置充电设施和充电站。低碳生活方面，倡导衣物选择天然纤维材质，洗后采取自然晾干的方式；吃饭自备随身杯、环保筷、购物袋，少用一次性商品；住房购买节能电器，降低电器使用频次；出行尽量步行或利用公交。

经过多年低碳社区建设，目前台湾地区共建成879个低碳社区，其中，铜级810个、银级69个，低碳社区的建设及推广取得了较为显著的成果。

3.2 工作：超越传统的工作形式与环境

大部分生产性服务业员工在办公楼等建筑内度过工作时间。因此，员工的办公活动、建筑的运营方式与这些企业的碳排放总量息息相关。

因此绿色办公将成为工作场景中的一种全新范式，办公环境更环保、更健康和更可持续，日常办公行为也面向减碳节约。绿色办公包括远程办公的全新场景、超级混合的15分钟工作圈和厉行节约的办公行为。

3.2.1　远程办公的全新场景

居家远程办公可以有效降低碳排，根据全球职场分析公司（Global Workplace Analytics）数据，每个美国公民如果每天去公司上班，平均每人每年将排放约2.7吨二氧化碳[9]。而采用远程办公方式，每年总计可以减少超过5 100万吨的碳排放。

远程居家办公已成趋势。受疫情影响，2020年，全球每周至少1天居家办公的员工占调查总数的31%。同时，全球职场分析公司的调查数据显示，2005年中国仅有180万名远程办公员工，2014年该数字上升到360万，9年间年均增长8%。在最新的报告中，该数据跳跃式地增长到2亿人。"千禧一代"正成为工作的主要劳动力，"喜欢更自由灵活的办公方式"是他们的标签；数据调查显示，42%的18～34岁的青壮年选择了"自由职业"，相较于2014年增长了38%。53%的Gen Z（95后）从事自由职业，这些年轻人自称"数字游民"，在电子设备与在线办公软件的支持下，他们可以在任意地方工作[10]。未来通过远程办公，越来越多的员工减少对汽车的使用，不仅缓解了交通压力，而且减少了汽车尾气带来的污染，大大降低了碳排放量，改善了城市环境。

类似的，远程视频会议也将更多地替代商务旅行、异地会议。视频会议一方面不受时间和地点限制，支持多人、多点参加会议，既可以保证开会的效率，又能节约会议经费及时间成本；另一方面，减少了异地商务出行的交通碳排放，尤其是航空差旅中的碳排放。

3.2.2 超级混合的15分钟工作圈

如果工作环境也拥有一个15分钟工作圈，工作圈内功能混合多元、空间紧凑、步行舒适，势必可以减少园区交通出行的碳排放量。首先，一个15分钟工作圈，意味着员工可以步行或者骑行到达工作地点，这种布局可以鼓励员工选择环保的通勤方式。例如，步行、骑行或者使用电动交通工具，有效降低碳排放量。其次，功能混合、多元的园区布局形态，意味着园区内不仅包含办公楼，还拥有各种设施和服务，如餐厅、商店、休闲区、健身房等，这意味着员工在工作时间之外也能够满足各种需求,无需长距离外出,减少了额外的交通流动。最后,步行舒适的园区环境对员工的身心健康有着积极影响,绿树环绕、道路畅通、步道便捷的园区体验,不仅赋予了员工更好的工作环境,同时也提高了员工的生活质量和幸福感。

以微软新硅谷园区为例,其超级混合的新形态可满足60%员工的24小时生活所需,复合了能源供给—生活娱乐—工作的创新功能。用地分布体现职住平衡、产城融合,工作园区内可发展居住、商业、办公、休闲、咖啡厅、酒店等功能,提供更多的青年公寓、保障性住房,在工作园区内提供更多的生活休闲场景,满足人们多样化工作生活休闲需求,尽量减少长距离通勤需求。同时,工作圈内应尽量实现"小街区、密路网",空间形态疏密有致。

3.2.3 厉行节约的办公行为

在工作场所中,节约资源、能源和耗材,不仅有助于降低成本,对促进环境可持续发展也有积极作用。首先,从能源消耗的角度,员工可以通过关闭不必要的电源、灯光和电子设备来节约用电;通过合理使用空调和供暖设备,避免能源浪费;推动办公室的能源管理和监控系统的使用，还可以进一步促进节约能源的行为。其次，节约水资源对全生命周期的减排也有意义；员工可以注意及时关闭水龙头，避免浪费；更换节水设备，如低流量水龙头、节水马桶等，也是有效的节约水资源方式。再次，节约办公用纸是厉行节约的重要方面，保护地球碳汇资源的同时减少全生命周期碳排放；员工可以通过双面打印、减少打印文档的数量、使用电子邮件、在线协作等数字化方式来减少对纸张的需求；同时回收和再利用废纸也是重要的节约行为。此外，厉行节约还涉及其他资源的使用和管理。如合理使用办公设备和耗材，延长其使用寿命，减少废弃物的产生等。

以香港卫生署为例，为支持政府环保典范的承诺，卫生署于1996年6月发表环保政策声明，并任命部门环保经理，在署内推广企业环保文化，向员工宣传卫生署的环保政策，加强其环保管理意识，推动员工参与环保活动，有效减少了部门的碳排放量。自2005年起，卫生署各服务单位又设置能源管理人一职，以监察其管理范围内的用电用能情况及各类环保管理措施的落实情况。截至2017年，卫生署及下辖服务单位已有超过200位能源管理人。卫生署环保政策集中在三个方面，具体而言：一是在节约能源方面，要求将灯光调至最低照明水平，并关掉非必要、不使用的电器设备；将办公场所内分组式灯光开关改为独立式开关设计，便于分别控制；更多地采用耗电量较低的发光二极管；紧急逃生指示灯取代原来安装在诊所内的传统指示灯；在不影响重要医疗服务正常运作的情况下，把一般办公室及公共空间在夏季月份的室内空调温度保持在25.5℃的水平；此外，卫生署对个别耗电量大的诊所大楼单独进行能源审核调查，研究有效可行的节能措施。二是在医疗和办公用品方面，要求环保采购，例如采用不含PVC塑胶物料并可安全焚化的医疗废物袋及利器盒；采用不含水银的血压计及温度计；采用更具节能效益的液晶显示器来更换老化阴极射线显像管显示器；以及采用可回收及循环再用的办公室文具物资，如可更换笔芯的原子笔、可循环再用的打印机墨盒及激光打印机碳粉盒等。三是在耗材使用上，鼓励节约用纸，建议员工多利用无纸化方式发布信息，例如在部门网站登载刊物，以减少纸质刊物的出版数量；更多地利用电子邮件传递信息，以取代纸张文件传阅；停印一些专供同事内部传阅的印刷品，例如诊所时间表及部门总部电话名册，以减少用纸等。[11]

3.3 交通：大势所趋的绿色转型

3.3.1 交通出行的新趋势

面向低碳发展目标，未来的交通出行将走向车辆电动化、公共交通出行、共享出行、智能交通管理等趋势。

一是车辆电动化。电动交通工具将逐渐取代传统的燃油驱动车辆成为主流。随着居民收入和生活水平提高，小汽车拥有率与出行占比将进一步增加，预计将增长5%～10%[12]。如现在伦敦、东京的交通碳排是中国重庆、深圳、上海的两倍左右，其主要原因在于这两个国外城市的小汽车出行占比较高，交通出行距离较远，因此，总体交通能耗比中国城市高一倍左右。这意味着迫切需要引导居民在交通出行和消费模式方面进行转变，新能源汽车也需逐渐普及推广。2020年，我国新能源汽车销量超过136万辆，比2019年增长10.9%，成为全球最大的新能源汽车市场。

二是公共交通出行。调查显示，在日常出行中，公共交通仍然是我国出行最重要的方式，其中公交车和地铁出行占比最高[13]。为缓解城市交通拥堵、降低碳排放，公共交通系统将更加智能、高效和便捷，吸引更多市民乘坐

人均公交车出行距离（单位：km）　　　人均轨道交通出行距离（单位：km）　　　人均小汽车出行距离（单位：km

■ 伦敦　■ 重庆　■ 深圳　■ 上海　■ 东京　　　■ 伦敦　■ 重庆　■ 深圳　■ 上海　■ 东京　　　■ 伦敦　■ 重庆　■ 深圳　■ 上海

图 19　国内外城市人均交通出行距离分析

资料来源：《2020 年上海市综合交通年度报告》《2019 年深圳市居民交通行为与意愿调查报告》

公共交通。推行电动公交车、轻轨、地铁等低碳交通工具，提高公共交通的覆盖率和品质，并结合智能交通管理系统，提供实时公交信息和出行规划建议，鼓励人们减少私家车使用，选择公共交通出行。

三是共享出行。共享经济模式将在未来的交通出行中扮演重要角色。共享汽车、共享单车和共享电动滑板车等共享交通工具将进一步普及，减少车辆增加带来的资源浪费和环境污染。通过共享车辆的优化利用，可以减少城市中的车辆数量，缓解交通拥堵，提高出行效率。实际上在 2018—2021 年，某出行平台通过提供绿色出行服务，包括拼车、顺风车等共乘出行，共享青桔单车、电单车等慢行交通工具，以及不断增加电动车、充电桩数量等服务[14]，在全国范围内帮助用户实现二氧化碳减排 501.5 万吨，年均减碳量达 154 万吨。

四是智能交通管理。通过建立和发展智能交通管理系统，包括交通信号控制、路况监测、停车管理等，实现交通流的优化调度，减少车辆的停滞和空转，减少碳排放。同时，智能交通管理可以帮助实时监测交通情况，提供最佳的导航路线和出行建议，减少拥堵和非必要交通流，也能减少碳排放。

总体来说，居民交通出行未来更加注重环保和可持续发展。通过车辆电动化、公共交通出行、共享出行、智能交通管理，可以引导居民优化出行结构和出行方式，实现降低碳排放、缓解交通拥堵、提高出行效率和改善空气质量等目标。

3.3.2 绿色化的未来交通转型

未来的交通场景将通过采用环保技术和创新解决方案，实现碳减排、空气质量改善和能源效率提升。具体措施包括方兴未艾的绿色交通网络、更绿色节能的出行选择和推陈出新的共享出行。

（1）方兴未艾的绿色交通网络

新能源汽车将成为未来汽车行业的主导趋势，城市出行和共享出行也将成为新能源汽车的重要使用场景。电动化、智能化和充电基础设施建设是新型绿色交通网络的关键方向，支撑着可持续出行的实现与发展。

以位于阿联酋的马斯达尔为例，城内打造了无私人汽车出行的新型绿色交通网络。在城内布局全自动出行网络（PRT），均匀布局76个站点，行人到PRT车站最远步行距离为150 m，并设置专属停靠月台。应用零碳车辆出行，由太阳能锂电池供电，停靠时自动充电，内置智慧屏，可自动规划路线，最高时速达40 km/h。城市周边设置停车点，来访者若驾驶汽车，需将汽车停在城外，换乘城内交通系统。同时，设置对外环城捷运系统（GRT），将穿越城区的地铁、轻轨、公交车站与PRT网络接驳。此外，布局环城及环市中心的群体捷运系统，2018年已投运第一辆自动驾驶的电动班车[15]。

（2）更绿色节能的出行选择

就业通勤是最为频发的出行行为，因此，尽量选择更高效、更绿色的公共交通可减少碳排放。在远距离通勤方面，以普华永道为例，商务航空差旅是普华永道最大的碳排放源，约占2020年碳排总量的40%。为减少差旅次数，其鼓励员工通过远程办公进行高效联系，替代航空差旅。2020年，其人均航空差旅碳排放量相较于2011

年减少了50%。

在近距离通勤方面，以深圳市为例，2020年，其"5 km以内幸福通勤"比重提升到60%，是超大城市的最高水平。一方面，深圳是2019—2020年新增轨道交通运营里程最多的城市之一，有效提高了4%的轨道覆盖通勤比重；另一方面，深圳保持了超大城市中职住分离度①的最低水平（2.5 km），不足北京的一半。因此，深圳市万人单程通勤交通碳排水平仅为5.5吨/天，远低于多数超大和特大城市，通勤碳排放强度较低[16]。较高的绿色出行比重更顺应低碳经济的发展趋势，也创造了额外的社会价值。从经济发展角度看，较高的通勤效率对提高劳动生产率有着重要意义；从民生角度看，通勤时间、空间及不同交通方式直接影响到居民的幸福感。

— 2021年度中国主要城市通勤监测 —

《2021年中国主要城市通勤监测报告》选取42个中国主要城市，汇聚2.3亿人的职住和通勤大数据样

---

① 职住分离度：不考虑就业差异与人的选择，在既有职住布局条件下，通过交换就业地，理论上能够实现的最小通勤距离。

本，从通勤时间、通勤空间、通勤交通三个方面的10项指标，呈现2021年中国主要城市通勤画像。通过城市间横向比较和时间轴追踪对比，揭示城市通勤特征，为政策制定、城市规划、交通组织、学术研究工作提供更为丰富的实证素材与启示。

"5 km以内通勤"比重又称"幸福通勤"比重，反映可以就近职住，步行、骑行通勤的人口占比，是城市宜居性的重要测度指标，已被纳入"城市体检指标体系"。42个主要城市的总体"幸福通勤"比重为53%，同比提高1%。其中，超大城市为49%，特大城市为51%，Ⅰ、Ⅱ型大城市分别为56%和58%。

相较于2019年，35个年度可对比城市中，14个城市的"幸福通勤"比重提升，17个城市同比持平。深圳"5 km以内通勤"比重达到60%，同比提高3%，是"幸福通勤"比重提升最多的城市，也是超大城市中的最高水平。此外，贵阳、西宁两市的"幸福通勤"比重同比增加2%。

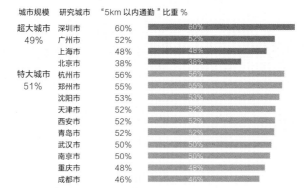

城市规模	研究城市	"5km以内通勤"比重%	
超大城市 49%	深圳市	60%	60%
	广州市	52%	52%
	上海市	48%	48%
	北京市	38%	38%
特大城市 51%	杭州市	56%	56%
	郑州市	55%	55%
	沈阳市	53%	53%
	天津市	52%	52%
	西安市	52%	52%
	青岛市	52%	52%
	武汉市	50%	50%
	南京市	50%	50%
	重庆市	48%	48%
	成都市	46%	46%

专栏图4　主要城市的"5 km以内通勤"比重

资料来源:《2021年度中国主要城市通勤监测报告》

在日常出行方面,越来越多的人选择绿色出行,公共交通与骑行网络的便利性成为影响人们选择的重要因素。如法国里昂的居民,可以使用自助自行车服务点及自行车路线计算器Géovélo;"自行车之城"哥本哈根的居民,截至2018年已经有可以骑行382 km的独立自行车道、63 km的绿道和167 km的自行车高速路[17]。在国内,自2010年启动绿道建设以来,深圳市民也可以使用将近2 462 km的绿道网络和382个绿道"公共目的地"。便利性的提升促进了当地居民更多地选择绿色出行方式。

(3)推陈出新的共享出行

不断推陈出新的共享出行方式,提供了更多元、更便捷和更可持续的出行选择。一是提供新型共享交通工具。除了传统的共享单车和共享汽车，新型共享交通工具正在不断涌现。例如，共享电动滑板车、电动轮椅车、电动滑板等小型、灵活的交通工具，适合短距离出行，并且碳排放更低。这些新型共享交通工具能够满足不同的出行需求，提供更多元的出行选择。二是建设智能共享出行平台。结合人工智能、大数据和互联网技术，智能共享出行平台能够提供更加智能化、更加高效的共享体验。这些平台可以根据用户的出行需求和偏好，提供个性化的出行建议和路线规划。同时，通过智能调度和优化算法，提高共享出行的效率和使用率，减少车辆的闲置和资源浪费。三是提供多元出行服务。除了传统的单次共享出行方式，未来的共享出行将更加注重提供多样化的出行服务。例如，长期租赁、短期租赁、包月服务等，以满足用户不同时间段和出行频率的需求。同时，共享出行平台也可以与公共交通系统及其他出行服务进行整合，提供一站式出行解决方案，方便用户选择最合适的出行方式。

以日本藤泽SST智能社区为例，其为居民提供了高便利性的共享出行服务。例如，提供免费的共享电动汽车和电动自行车服务及租车送货服务；通过电视或智能手机提供预约租赁服务，住户通过ID卡就可以在预约的时段取车；提供电池共享服务，使居民可以自由更换和使用电动自行车的电池。哈马碧湖城则提供拼车通勤服务，成立汽车共享俱乐部并提供服务，鼓励人们拼车出行。

3.4 消费：选择低碳消费替代产品

3.4.1 消费水平与需求持续增长

生活消费主要为间接碳排，以日常饮食、衣物、鞋品及其他产品等消费为主。在饮食方面，大多数情况下，肉类消费是一个人营养碳排中的最大贡献者。我国年人均营养碳排为1 050 kg，其中，肉类占44%，鱼和蔬菜各占10%以上，谷物占比不到10%。在满足营养需求的同时，尽可能改变营养来源，减少碳强度，有助于减少碳排。在衣物、鞋品方面，其生产、运输、使用和废弃处理阶段均会产生碳排放。生产过程涉及原材料采集、纺织加工、染色和成衣制造等环节，这些过程通常需要能源和化学物质，因此会产生一定的碳排放。服装品牌通常会通过全球供应链，将产品从制造地运往销售地，这涉及长途运输和物流配送，从而会造成额外的碳排放。产品的废弃处理也是一个重要的碳排放来源，尤其是当大量的服装鞋品被丢弃，或以低回收率处理时，可能导致废弃物的堆填和焚烧，进一步加剧碳排放。因此，在选择和使用过程中，可以考虑使用可再生材料、减少运输距离、节约能源，以减少碳排放和改善环境。

3.4.2 新型低碳消费产品逐渐兴起

随着人们对物质与精神需求的不断提升，日常消费的减少与欲望的降低相对难以实现，因此需要更新的、符合低碳要求的消费替代产品。可循环、绿色环保、零碳、负碳等标签与越来越多的消费产品产生了联系。具体包括以植物为原料的"人造肉"、用可再生材料制作的服饰和逐步兴起的二手交易。

（1）以植物为原料的"人造肉"

饮食消费领域，低碳转型体现在饮食习惯与结构的改良上，同时，在生产、加工、运输、贮藏等流程上提高技术与效率。经过近几年的积极宣传引导，低碳饮食逐渐成为一种潮流。低碳饮食具体来说就是减少肉类消费，提高素食比例，也就是用植物蛋白替代动物蛋白的膳食搭配。在此背景下，2020年涌现出Beyond Meat、星期零STARFIELD等一系列植物蛋白产品。此外，食物浪费问题也格外受到重视，除了已经号召多年的"光盘行动"，厨余垃圾的单独分类也为饮食垃圾碳排放的减少作出巨大贡献。

2020年10月，日本发布了将在2050年之前达成温室气体零排放的目标，并强调改变生活方式对实现低碳社会的必要性。日本政府在2021年6月举行的内阁会议上通过了2021年版《环境·循环型社会·生物多样性白皮书》（简称《白皮书》）。由于在生产过程中的二氧化碳排放量很少，"替代肉"首次作为"食物来源的一个选项"被《白皮书》提及。《白皮书》指出："食品的生产、加工和废弃等各个环节，都会对环境造成负担，尤其是牛肉，因饲料运输和畜牧业饲养的牛打嗝及放屁均会排出大量的甲烷（CH_4），比二氧化碳强23倍，是造成温室效应最严重的气体。"[18]因此，建议将由大豆制成的肉类替代品作为一种食品选择。该提议也在市场上不断普及，据市场研究企业种子计划公司数据显示，日本基于植物原材料的肉类替代品销售额预计2030年可达780亿日元（50.2亿元人民币）[19]。目前，"人造肉"行业在全球已获得谷歌风投、德丰杰（DFJ）等十余家公司或机构的融资。比尔·盖茨从2014年开始投资支持"可持续食物创新"项目，该项目致力于通过生化科学技术，把植物变成肉类食材。他曾在《杂食者的困境》一文中呼吁，"要选择富有同情心的生活方式，蔬菜的摄取有助于减少地球上温室效应气体的排放。地球的未来要靠素食，我们的环境，急需摆脱这些动物性食品"。但同时比尔·盖茨也提到，让世界转向完全以植物为基础的饮食是不现实的，饮食结构的改革还需要"适度"和"创新"。

从消费者的角度来看，目前国内对"人造肉"产品的讨论度很高但认可度较低。益普索（Ipsos）发布的《2020人造肉中国趋势洞察》报告中对中国"人造肉"市场的调研显示，超过90%的中国消费者听说过"人造肉"，但大部分购买者出于对其隐藏的高科技的好奇，愿意购买尝鲜，但鲜少有复购。同时，超过74%的消费者担心"人造肉"由于产品过度加工，添加剂含量超标。过半数的消费者顾虑人造肉行业尚未出台完善的行业标准，影响食品安全[20]。因此，推广低碳食品的消费观还需要以满足消费者需求为出发点，短期内可以开发多样化的口味和季节性的短线产品，利用消费者乐于尝鲜的心理特性，拉动消费者尝试意愿，圈定一批潜在的消费群体；长期则要以健康为主，用合适的价格点，逐步稳定并扩大忠实的消费人群。

（2）用可再生材料制作的服饰

服装纺织行业传统上是一个高污染行业，低碳化转型主要在于可再生纺织原材料的替代。化纤服装来源于化石燃料，生产过程中的能源消耗比天然纤维高很多。近年来，人们越来越偏好棉、麻这类天然材料。而新型纺织材料如以大豆蛋白纤维为原材料制成的面料，拥有优于棉的保暖性和良好的亲肤性，被誉为"新世纪的健康舒适纤维"，受到国内越来越多内衣和家居服装品牌的青睐。

国内服饰企业也逐渐响应低碳号召，特步、伊芙丽、海澜之家等国内知名服装企业，开始探索更加环保的原材料和制作工艺，上游厂商也在加速研发可降解、可循环的环保面料。国产运动品牌特步发布了一款新型聚乳酸T-恤，使用的聚乳酸材料主要从玉米、秸秆等含有淀粉的农作物中提取，通过纺丝成型后加工成聚乳酸纤维。由此类纤维制成的服装在土埋1年内可以做到自然降解。女装品牌伊芙丽提出"零碳通勤西服"的概念，最新的发布绿色环保系列采用了RPET材料，即再生涤纶环保面料，将塑料瓶经品检分离、切片、抽丝等一系列工艺，冷却集丝制成RPET纱线再织成环保布料，并运用兰精天丝、环保粘纤等绿色可降解材质，大大降低服装生产过程中的污染排放[21]。

（3）逐步兴起的二手交易

据亿欧调研数据显示，旧衣回收（旧衣捐赠）及可再生或可回收材料制作的手袋箱包市场渗透率分别为37.0%和30.3%，均处于上升态势。二手闲置交易强调可持续发展和环保理念，通过购买和使用二手服饰和物品，人们可以避免过度消费和资源浪费，减少对新产品的需求，从而降低碳排放和对环境的影响。因此，二手闲置物品交易行业已经迎来快速发展期。数据显示，自2021年以来，全球范围内二手电商在资本市场动作频频。比如，美国二手电商Poshmark和ThredUp先后上市，英国二手电商平台Depop也以16亿美元的价格被收购。巴黎二手3C交易平台Back Market，更是完成了新一轮5.1亿美元融资，其总估值达到57亿美元。二手交易市场的机遇不仅出现在国外，在国内也受到越来越多关注。光大证券数据报告显示，近年来，二手电商融资金额大幅提升，中国二手电商融资规模由2017年的76.52亿元人民币增长至2021年的132.66亿元人民币[22]。

3.5 休憩：享受自然野趣的碳汇乐园

3.5.1 城市绿地碳汇不断增加

绿地碳汇指通过植被和树木吸收大气中的二氧化碳，将其转化为有机物并储存在土壤和植物体内，从而减缓气候变化和缓解碳排放。在推动碳减排的同时鼓励碳增汇是实现"双碳"目标的重要举措。城市越来越注重创造绿色空间，并将绿地纳入城市发展战略，鼓励保留和增加绿地，包括公园、花园和广场等，以提供人们休闲娱乐的场所，改善空气质量，减轻城市热岛效应。屋顶花园、屋顶农场和垂直绿化系统等创新形式的绿地，将在城市建筑中得到推广。城市居民越来越追求"田园生活"的感受，热爱自然和绿色，希望更轻松地与大自然亲密接触。未来城市绿地的增加，也将更好地满足人们的休闲娱乐需求，同时提升生态系统，减缓气候变化和改善空气质量。

3.5.2 绿色舒适的生态游憩场景

绿色舒适的生态游憩场景，将成为人们追求放松、健康和幸福的首选目的地。通过独特而迷人的环境，降低人工干扰，满足人们对低碳而美好生活体验的期待，为人们提供一个可持续发展、健康环保且令人愉悦的氛围。具体方式包括提供自然野趣的休闲绿地、亲近自然的户外休闲和趣味低碳的游憩设施。

（1）自然野趣的休闲绿地

精致化的植物景观不再适用于新时代市民的游憩需求，遵循自然规律营造的野趣绿地，更具有蓬勃的生命力，对市民的吸引力与日俱增。同时，相较于传统的景观营造，野趣绿地在节约资源、减少环境影响和提升生态质量方面具有明显优势。通过选择适应性植物，模拟自然生态系统，合理设计灌溉系统和减少使用硬质材料，可以创造出美观、可持续和低维护的景观环境。

在选择植物时，应该因地制宜，以当地乡土植物为主，可以减轻运输投入和日常维护费用。当地乡土植物通常已适应本地的气候、土壤和生态环境，具有更强的抗病虫能力、适应能力和成活率，可确保植物长时期存活，并长期保持净化环境的能力。模拟自然生态系统的景观设计则可以创造更完整的生态链，并为当地生物提供多样化的栖息地。这种设计可以减少对化学农药和杀虫剂的使用，促进有益昆虫和动植物的繁衍，以自然系统本身控制有害生物入侵。模拟自然生态系统还可以降低对水资源的需求。这些高适应性植物通常具有较高的耐旱性，能够在水源较少的情况下生长良好。合理的灌溉系统设计，可以根据植物的需求和气候条件来调节水量，进一步避免浪费并提高用水效率。减少硬质材料的使用也是低维护景观营造的重要策略之一。过多的硬质材料和结构，不仅增加维护成本，而且会导致水污染和热岛效应。此外，使用透水材料、绿色屋顶和垂直绿化系统等可持续材料和结构，能够减少雨水径流，提高景观的水资源利用效率，降低城市的热量积聚。

（2）亲近自然的户外休闲

当下，越来越多的人开始到户外进行徒步旅行、山地骑行、划船等，寻找与大自然亲近的体验，远离城市的喧嚣。这种亲近自然的方式被认为是一种潮流的生活方式。顺应这股潮流，户外休闲活动出现越来越多样的选择。未来，市民所青睐的休闲活动是更亲近自然的户外活动。人们会更加注重在户外环境中与自然互动和享受休闲时光。例如，飞盘运动是一种流行的户外社交活动，人们可以在公园或海滩上与朋友一起玩；户外瑜伽、射箭和攀岩等健身活动，可以让人们一边沉浸于大自然的壮丽景观，一边锻炼身心；露营也是一种既能与自然亲近，又能与家人和朋友共度美好时光的休闲方式。

广州市举办的为期2天的"2023广州露营季之'青春正当时，筑梦大湾区'"五一专场活动，成为一张全新的城市文旅品牌名片。在活动现场，2023广州露营地图正式发布，为市民游客提供专业的本地露营指引[23]。蓝天白云之下，茵茵绿草之间，充满活力的露营季活动既是都市时尚、健康生活方式的集中呈现，也更好地利用了公园草地资源，开辟了全新的城市体验场景。这类亲近自然的户外休闲活动，不仅能够让人们更加关注和保护自然环境，从而更好地享受自然之美，也能够帮助人们远离城市的压力和嘈杂，获得身心的放松和纾解。更是一种绿色低碳的休闲方式，实现了更高水平需求与绿色低碳发展导向的耦合。

（3）趣味低碳的游憩设施

游憩设施与低碳结合，正成为一种新的趋势。墨尔本计划到2030年实现零碳排放，并通过15个项目开启低碳转型之路，其中之一就是让娱乐设施兼顾发电。例如，将废弃物发电技术与公共泳池结合。墨尔本Fitzroy游泳池通过安装厌氧消化器，每天将周边餐馆的10吨食物垃圾转化为沼气，为游泳池和桑拿室加热；生产的肥料则供给相邻公园内的植物景观；沼气塔内又设计两个大型水箱，成为街景新形象。墨尔本试验推广电气化的屋顶文化，每隔一个屋顶就有一个太阳能发电装置。这种装置用屋顶模块的形式，由组装成帐篷状的简单组件组成，可以为人们提供别有情致的娱乐空间。同时，作为承载光伏的基础设施，也可为人们的娱乐活动提供能源，是酒吧、咖啡馆、学习空间、联合办公空间、艺术家工作室等体验空间的新去处[24]。

目前国内建成了一些可游可玩的"能量公园"。以龙湖G-PARK科技公园为例，公园布局了可互动的能量转换设施。这种集电地板装置可通过人踩踏产生的微小形变制造电能，并将电能用于园区内用电。装置还能将产生的电信号与其他景观元素联动，从而实现景观对人行为的及时反馈效应，创造出人与景观互动的新形式[25]。

3.6 小结：关注五大生活场景

"双碳"目标逐渐影响到每个人的日常生活，衣、食、住、行各个方面都有体现，人们对日常行为低碳化的关注程度日益增加。同时，随着经济社会发展，日常生活中美好需求也在不断提升。因此，低碳生活场景的营造，还需要与人们的居住、工作、交通、消费和休憩需求相匹配，不能为了低碳而抑制美好生活的意愿。在居住方面，未来将有更多高效、节能的家居设施和可再生能源应用，以减少碳排放和能源消耗。在工作方面，应鼓励灵活的工作方式，如远程办公和分时制工作，减少通勤需求和办公楼能源消耗；同时，鼓励更绿色的办公活动，包括无纸化打印，减少照明、视频会议等。在交通方面，倡导居民优先使用可再生能源驱动的交通工具，如电动汽车等；继续鼓励使用公共交通、骑行和步行等可持续的交通方式，减少汽车使用量，降低交通引起的碳排放。在消费方面，更多地尝试用由可再生原料制作、生命周期中碳排更少的替代产品。在休憩方面，偏爱亲近绿色、舒适的场所，在自然环境中放松身心，享受休闲时光。综上所述，未来的规划方法需要紧跟低碳化转型趋势，注重匹配新时期人们在居住、工作、交通、消费和休憩方面的生活场景营造，迈向更具可持续性和低碳化的社会。

居民日常生活方式低碳化转型　　　　表3-1

维度	居住	工作	交通	消费	休憩
减碳趋势	自给自足的能源使用	远程办公的全新场景	方兴未艾的绿色交通网络	以植物为原料的"人造肉"	自然野趣的休闲绿地
	全电住宅与节电型设施	超级混合的15分钟工作圈	更绿色节能的出行选择	用可再生材料制作的服饰	亲近自然的户外休闲
	看不见的气力输送系统	厉行节约的办公行为	推陈出新的共享出行	逐步兴起的二手交易	趣味低碳的游憩设施
	人人签署的低碳社区公约				

资料来源：作者自绘

本章参考文献

【1】 UNEP DTU Partnership.Emissions Gap Report 2020[R]. 2020. https：//www.unep.org/zh-hans/emissions-gap-report-2020.

【2】 碳中和清洁.居民消费的减排潜力和制约因素[EB/OL]. （2021-12-13）[2023-09-09]. https：//zhuanlan.zhihu.com/p/444824887.

【3】 IEA（2015），Energy Technology Perspectives 2015，IEA，Paris. https：//www.iea.org/reports/energy-technology-perspectives-2015，Licence：CC BY 4.0

【4】 Fujisawa SST. Concept Book[R]. 2023，Fujisawa SST Council，Fujisawa. https：//fujisawasst.com/EN/wp_en/wp-content/themes/fujisawa_sst/pdf/FSST-ConceptBook.pdf

【5】 新加坡能源集团.高效节能的区域供冷解决方案[EB/OL]. （2022-02-10）. https：//www.spgroup.com.cn/gaoxiaojieneng dequyugonglengjiejuefangan/.

【6】 TOP创新区研究院.全球最值得看的5大零碳社区[EB/OL].（2021-12-04）. https：//www.jzda001.com/index/index/details?type=1&id=8362.

【7】 朱国亮.江苏：推动建设"全电厨房"助力传统餐饮绿色转型[EB/OL].（2022-01-04）. http：//www.xinhuanet.com/2022-01/04/c_1128231684.htm.

【8】 袁舒琪.新建住宅试点电气化 厦门将有更多小区做饭炒菜全用电[EB/OL].（2021-11-22）. http：//xm.fjsen.com/2021-11/22/content_30895578.htm.

【9】 岳嘉.宁愿降薪也不坐班 远程办公惯坏了谁丨未来办公新

趋势[EB/OL].（2022-06-07）. https：//view.inews.qq.com/a/20220607A01X1X00.

【10】Tracy.推崇远程办公的美国公司们：我们可以有哪些灵活赚钱的方式？[EB/OL].（2020-02-19）. https：//www.36kr.com/p/1725127016449.

【11】卫生署. 2018-2019卫生署环保工作报告[EB/OL].（2023-11-21）. https：//www.dh.gov.hk/textonly/tc_chi/pvb_rec/pub_rec_er/2018_2019.html.

【12】中国城市规划设计研究院西部分院.国内外城市生活碳排放特征和趋势分析[R/OL].（2022-5-19）. https：//weibo.com/ttarticle/p/show?id=2309404770871737974891

【13】巨量引擎，凯度. 2019年国民出行绿皮书[R/OL].（2019-12-25）. https：//auto.ifeng.com/c/7snhUP3DGsf.

【14】生态环境部宣传教育中心、中国人民大学应用经济学院、滴滴发展研究院. 数字出行助力碳和[R/OL].（2021-5-28）. https：//www.transformcn.com/Topics/2021-10/18/aaa24e63-e66c-481b-8081-1d924004512d.pdf

【15】Systematica. MIST–Concept Design–Transportation report[R]. 2008.

【16】住房和城乡建设部城市交通基础设施监测与治安实验室，中国城市规划设计研究院. 2021年度中国主要城市通勤监测报告[R/OL].（2021-7-24）. https：//www.199it.com/archives/1287793.html.

【17】City of Copenhagen. The Bicycle Account 2018 Copenhagen City of Cyclists [R/OL].（2019-6-28）. https：//kk.sites.itera.dk/apps/kk_pub2/pdf/1962_fe6a 68275526.pdf

【18】日本环境省.令和三年版环境·循环型社会·生物多样性白皮书[R/OL].（2021-6-2）. https：//www.env.go.jp/policy/hakusyo/r03/pdf/full.pdf

【19】王鑫方.日本肉类替代品热销[EB/OL].（2020-08-31）. https：//baijiahao.baidu.com/s?id=1676499122068542621&wfr=spider&for=pc

【20】Mary Luo.益普索：2020年人造肉趋势最新洞察，它在中国消费者心中"真香"吗？[EB/OL].（2020-04-20）. https：//baijiahao.baidu.com/s?id=1664485629174296742&wfr=spider&for=pc

【21】优朋创意.加速实现碳中和，服装行业如何在科技创新上打造绿色产业链？[EB/OL].（2021-07-01）. https：//www.sohu.com/a/475010343_120918754

【22】江西网络广播电视台.绿色消费成新风尚，转转：完善"互联网+二手"服务助力循环经济[EB/OL].（2022-02-21）. https：//cn.chinadaily.com.cn/a/202202/21/WS62131cf5a3107be497a07152.html

【23】广州日报.2023广州露营季五一专场圆满收官 2023广州露营地图正式发布[EB/OL].2023-05-03. https：//gz.gov.cn/zt/jrshts/2023n/wygjldj/zxxx/sh/content/post_8958030.html.

【24】A New Normal. Welcome to the First Fifteen Projects to Kick Start the Transition[EB/OL]. https：//www.normalise.it/the-projects#Hassell-3.

【25】IF本色营造.北京龙湖G-PARK科技公园/IF本色营造[N/OL].（2019-04-10）. http：//www.cnlandscaper.com/jingguan/case/show-1876.html.

第 4 章

自然逻辑：
走向城市即自然的
生命共同体

迈向低碳社会

自游牧和农耕文明时期开始，山水环境等资源条件框定了人们的基本生存空间，中国的先民形成了对山水神灵的敬畏之情，并由此产生了寄情山水的人居理想。营建"天人合一"的"自然中的城市"，成为古代营城理念最突出的特征。工业革命以后，城镇化进程加速，城市建成环境迅速扩张，人工环境对自然环境的"侵蚀"，引发了城市过度建设后对"自然缺失"的觉醒，产生了营造"城市中的自然"的需求，规划工作者开始广泛关注城市内部的生态空间系统。近年来，随着气候变化的加剧，城市作为复杂巨系统，综合管理问题日益突出，以自然手段解决城市环境问题的思潮与方法逐渐涌现。人们开始重新审视自然与城市的关系，越来越多的声音希望未来的城市能够重构一种"城市即自然"的高级形态，使城市与自然形成呼吸与共的生命共同体。

4.1 古代城市的营城智慧：自然中的城市

4.1.1 城市选址：象天法地、因地制宜

起源于先秦时代的"天人合一"哲学观，是中国传统文化思想的归宿。《周易·系辞下》写道，"仰则观象于天，

俯则观法于地",这是中国人营城整体观的宏大展示。城市营建过程中对山水要素的参照,主要体现在三个方面:一是城市选址尽可能选择山环水绕、富饶的形胜之地。并因势利导地利用自然山水,即《管子·乘马》篇所提出的"凡立国都,非于大山之下,必于广川之上,高毋近阜,而水用足,下毋近水,而沟防省"。二是在城市布局中寻找山水秩序进行参照。在城垣轮廓、空间形态、轴线、街巷、廊道、对景、节点等方面呼应山水形势,并将城外风景秀美之地进行一体化考虑,形成山、水、城互融互通的格局形态。三是借山水之势,塑造人文教化与信仰空间。山水条件优越的城市,往往在自然山水与城市空间交融的网络节点处设置人文教化与信仰空间,提振城市文化精神。基于此衍生出四大山水城市营建的传统法则[1]。

一是山水定势,即依据山水环境框定城市的基本方位、朝向和态势。二是山水立形,即结合山水环境建立城池的格局形态、空间布局、重要地标等。三是山水补巧,即对于自然山水形势的不如意之处,以精巧的手法进行适度修补与调适。四是山水兴文,即借助自然山水与城市格局网络营造人文教化空间,以洗涤、塑造城市的人文精神。

4.1.2 建筑建造：因天材、就地利

在建筑建造层面，中国古人在各种自然条件不同的地区，因地制宜、因材致用地创造了不同风格的建筑。庭院建筑是中国古代建筑的主要表现形式，房屋围合的形制构成较为内向。封闭而又温馨、舒适的院落空间，滋养了古代先民的性情和性格，成为最普遍的传统生活方式。庭院周边通常用廊或墙将建筑连接起来，有利于安全，也可防风沙。同时，不同地域的庭院在规格、形状和组合方式上衍生出多种类型，以适应不同的气候条件。如北方的建筑为了抵御严寒，朝向多采取南向，以便冬季接受更多的阳光；外墙与屋顶也较厚，建筑外观厚重庄严。在温暖、潮湿的南方，建筑多朝南向或东南向布局，以利于自然通风；建筑材料方面除木、砖、石之外，也多就地取材利用竹与芦苇[2]。

近年来，有学者对中国古代建筑屋顶的坡度变化与气候适应性之间的关系进行研究，对近2000年来记载有关温度变化、降雪事件与中国古代建筑屋顶坡度变化的波动趋势进行量化分析。研究发现，千年以来，中国古代先民为更好地适应当时、当地的气候环境，发挥聪明才智，不

断调整建筑屋顶坡度，以应对气候变化带来的不同时间与不同地点的降雪变化，维持建筑安全，减少维修成本。而适应气候变化的过程也在一定程度上触发了某些建筑技术、审美特征的发展演变[3]。

4.1.3 自然秩序与人为驾驭"等量齐观"的营城智慧

我国古代城市营建，将"天人合一、道法自然"的自然秩序与"君权神授、以礼为纲"的人工秩序融合，顺应各朝代不同的政治背景与经济发展条件，实现人地关系和谐。

周代开创以"礼为纲"的营城制度。作为《周礼》开篇的礼乐文明，为古代城市的营建理念奠定了精神内核。《周礼·考工记》所载"匠人营国，方九里，旁三门。国中九经九纬，经涂九轨，左祖右社，面朝后市，市朝一夫"，成为经典营城理念。

秦汉时期奠定"象天法地"的大尺度格局。以现实地理形态寓意天象，陵邑、苑囿以汉长安为核心环绕布局，形成取意星象的"卫星城"族群形态，形成呼应天上星宿的城市格局。在恢宏的城市规划意象下，秦代咸阳"渭水贯都，以象天汉"的城市空间规划方法为后世所借鉴。

魏晋南北朝时期，基于特定的社会制度与经济发展条件，城市营建多集中于规划城市功能分区与运用中轴线控制城市空间。中轴线的运用、清晰的功能分区等城市营建思想，深刻地影响着后来的唐长安、明清北京等城市的营建。

隋唐时期，营城理念融合制度与艺术。唐长安把里坊制推向顶峰。将城市、园林、建筑规划建设融为一体，注重城市绿色空间的休憩娱乐功能，满足人们的生活需求，"城苑一体、园居一体"的模式成为人居环境建设的新典范。

宋元时期创造应物变化的营城新制，从里坊制转向街巷制。城市营建实现了创新改革，融入老百姓烟火气的街巷生活成为重要的建城原则，也是我国人居环境建设史上的重大转折。城市街巷空间系统形成，出现了"夜市"，因势变化的营城理念促进了人居环境的多元化发展。

明清承袭封建礼制的城市经营理念。这一时期思想文化异彩纷呈，传统与创新交织、保守与开放并存。明南京"因山控江"，分设两条轴线，形成"襟江带湖，龙盘虎踞"的格局；明北京增筑外城，巩固轴线布局，轴线布局模式已然成型，形成了中国封建社会最完善的城市人居环境营建系统[4]。

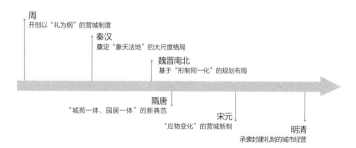

图20 中国古代营城的思想脉络演变
资料来源：作者自绘

通过对营城思想脉络的梳理可以看出，在各个朝代不同的政治背景影响下，营城思想既体现出自身鲜明的时代特色，又具备一脉相承的共同点。古代营城以敬畏山水神灵和遵循礼仪教化为主要价值观念，追求人地关系和谐的"自然中的城市"，这主要体现在两大方面：

一是以自然山川形势和天上星宿来定位城市。如北京的选址及空间演变与河、湖、山、水的互动演进有关。元大都时期，依水定都，于积水潭东岸选定全城的几何中心，设中心台，建中心阁；并由中心台向南，切积水潭东岸向东最突出的地方引一条正南北的直线，确定为全城的中轴线，并依此修建宫城；同时围绕太液池修造西苑。明永乐时期，根据青龙、白虎、朱雀、玄武四个星宿，北面玄武所在位置必须有山。因此，将挖掘太液池南海的泥土堆积成山，取名万岁山（今景山）。由此，西苑园林初步奠定了北海、中海、南海的"袋"状水域格局，万岁山使紫禁城不仅有了靠山，而且形成了山水环抱的境界，奠定了北京千百年来的空间序列基础。

二是在城市中融入自然要素，使自然山水与城市空间布局相得益彰。如自然山水园之典型——汉长安上林苑，造园追求"虽由人作，宛自天开"。又如，昆明池南部水面宽阔广袤，湖光山色一览无余，4个岛屿集中在昆明池北部，将北部大水面分隔成若干个小水面，形成婉转幽深的闭合性水面空间；同时，将建筑、园路、亭廊等园林要素融入自然环境，远形近势的建筑掩映在波光绿影之间，尽显幽静之感[5]。

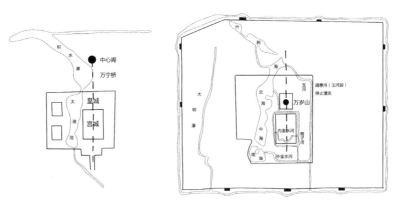

图21　元大都——明永乐时期北京城中轴线与水系格局示意
资料来源：周梦洁绘

除建造园林景观之外，我国古代也非常重视对水系湖泊的系统性利用，起到保障水源、提供航运休闲、服务防洪等多方面的作用。如南京的玄武湖，六朝时期是都城水利建设的组成部分，蓄积周围山上流下的雨水，通过开挖的潮沟、运渎、清溪等河道，向京城输水，以利民用、运输、灌溉。到南朝宋文帝完善治理并命名玄武湖时，又成为京城园林景观，同时承担北方防卫设施的重任，且是南朝水军的演武场所。由此可见，玄武湖在历史上主要起军事防御和都城"形势"的作用，兼具水利与景观功能。再如，杭州的西湖，唐长庆年间，白居易任杭州刺史，对西湖进行了大规模水利建设，将已有的湖堤加高，提升了钱塘湖的库容量；又在湖北、湖南修建了涵管、水道排泄洪水，保障湖堤安全。北宋时期，苏轼也对西湖进行了大规模疏浚，废除湖内葑田；同时，用疏浚出来的淤泥，在湖中建筑了一条沟通西湖南北岸的长堤。经过长期持续的疏浚治理，西湖发挥了供水、农业灌溉、防洪防潮、航运等多种功能，也为老百姓提供了水产养殖、酿酒等生产空间和原料，极大地支撑了区域经济社会发展[6]。

4.2 现代城市的自然回归：城市中的自然

4.2.1 城市过度建设后转向对自然的回归

工业革命开始以后，由于科学技术的进步与生产方式的转变，城市发展运行效率和集聚效应的重要性凸显。车行交通方式逐渐替代农耕时代的步行和马车，直接导致现代城市规模急剧扩张，建成区范围越来越大并快速"侵蚀"自然生态空间，城市中人与自然环境的关系日益紧张。不少城市出现过度建设现象，人们开始意识到自然环境在城市空间中的重要性，建设公共绿地和公园的需求便逐渐凸显出来。

后工业革命时期，城市建设对自然的回归还有一个典型事件，就是美国兴起的"城市公园运动"。1811年的纽约城规划文本明确了曼哈顿开发的格网形态，但随着人们对自然环境需求的复苏，纽约社会各界意识到，这种机械化的城市平面，忽视了居民对生活内容的需求。1858年，市政府决定从开发商手里回购部分土地，由美国景观设计学奠基人弗雷德里克·劳·奥姆斯特德与沃克共同设计了纽约中央公园。中央公园的建成不仅开创了现代景观设计之先河，更为重要的是打破了纽约以经济为主导的开发模式，标志着城市景观公共化时代的到来[7]，纽约中央公园不仅具有生态价值，其经济价值和社会价值也逐渐被人们意识到。19世纪80年代，奥姆斯特德又主持了波士顿"翡翠项链"公园体系的规划设计。整个公园系统从波士顿公园到富兰克林公园，绵延约16 km，以水系为脉络串联起9大公园。"翡翠项链"打破了方格路网的机械化，奠定了自由灵动的空间格局。

4.2.2 山水城市的建设理论与实践

把视角放回国内，秉承"天人合一"的传统哲学思想，1990年，钱学森先生提出"山水城市"的概念。在给吴良镛院士的信中，钱先生写道："我近年来一直在想一个问题：能不能把中国的山水诗词、中国古典园林建筑和中国的山水画融合在一起，创造'山水城市'的概念。"1993年，在北京召开的"山水城市座谈会"上，钱学森提出"山水城市的设想是中外文化的有机结合，是城市园林与城市森林的结合"。其后，吴良镛院士在发表的文章中，就"城市与山水结合"强调了几点注意事项：首先，城市宜小不宜大，应形成大片绿洲中点缀着一个容纳了几十万人的城市格局；其次，城乡力求协调发展，不能走西方牺牲乡村发展城市的老路；最后，从区域战略规划的角度看，城市要与山水统一规划。至1995年，吴良镛与周干峙、林志群等学者首次正式提出建立"人居环境科学"，并运用人居环境科学理论，开展区域城乡、建筑、园林等多尺度、多类型的规划研究与实践。如其在桂林的规划研究中强调"城得山水而灵"。桂林城每一条街都以山峰为对景，漓江及杉湖、榕湖、濠塘水面环绕四周，把城市围成"城岛"[8]。又在苏州提出"古城居中、一体两翼、十字结构、四角山水"的"山—水—城"格局，既保护了古城的风水格局，又重新塑造了城市区域的空间结构，开创了名城保护与经济建设协调发展的先河。2011年，仇保兴在纪念钱学森诞辰100周年的贺信中写道："山水城市概念是对城市理想模式的超前构想，富有传统文化的底蕴，传承了传统的哲学观念，是具有中国特色的生态城市理论。"

4.2.3 重视蓝绿空间与生态网络

20世纪初，霍华德的"田园城市"理论在全世界范围内得到推广，其后，恩温结合霍华德的理论提出建设"卫星城",以疏散大城市的人口,并在城市建成区外配置绿带控制城市扩张。霍华德与恩温的理论对城市规划、区域规划及绿地系统规划产生了深远影响。而20世纪70年代,以英国为代表的欧洲学术界开始着重探讨一种新的城市规划方法,即"生态网络"规划法。其主要包括三个部分:核心区、缓冲区和连接要素。核心区包括关键的栖息地;缓冲区围绕着核心区,保护其不受外界潜在因素的影响;核心区之间建立生态廊道或其他连接要素,实现彼此贯通。生态网络最核心的作用,是将作为生态本底的自然资源在空间上实现联系整合,引导空间结构的合理优化。

随着人们对城市中自然环境需求的复苏,中外城市纷纷开始探索综合性的城市生态网络规划。美国城市学家埃利奥特在波士顿"翡翠项链"公园体系的基础上,在650 km²的市域范围内,规划了一个更加综合的市域尺度的公园系统。该规划连接了波士顿的五大公园。这个公园系统被认为是美国最早真正规划意义上的生态网络,突破了美国城市方格网的局限,对城市蓝绿空间发展产生了深远的影响。生态网络理念在经历了几轮更迭之后,逐渐出现一系列规划术语。在欧洲,人们以规划绿带(Green Belts)或绿径网络(Network of Green Paths)连接城市和自然区域，伦敦的环状绿带规划就是最好的实证。20世纪后期，绿色网络（Green Web）成为整合城市开敞空间最常用的城市规划方法。21 世纪初又提出"绿色基础设施"（Green Infrastructure）概念。研究者们将研究领域推向更为广阔的绿色网络空间范畴，其内涵既包含维护人的多种利益而相互连接的公园和绿地系统，又包含保护生物多样性和物种栖息地的自然保护网络。相对绿径网络而言，绿色基础设施更注重维护生态系统的整体价值，以及平衡自然保护与人类活动之间的关系。保加利亚首都索非亚进行的绿地系统规划，包含绿道廊道的设计，并将生物多样性保护作为城市绿色网络保护的区域性方法。

4.3 未来城市的"重启"：城市即自然

社会生态学的奠基人默里·布克金（Murray Bookchin）在专著《无城市的城市化》（*Urbanization Without Cities*）中提到，"应消除城市与自然断层的偏见"。对于持"城市生态批评"观点的诸多学者而言，经过人类加工的城市是非自然的，密集的人群与高科技工业产品释放大量的垃圾废弃物，而远离栖居自然梦想、居住在水泥森林中的人们，更容易出现"精神危机"。美国内战后，城市工作者认为美国需要修建公园和广场"让自然回归城市"。人们也普遍认为绿化有利于遮掩城市的粗糙，培养市民的温文尔雅之风，从而降低城市的犯罪率。可是，这无法根除"反城市"倾向，反而更加凸显了城市是非生态的、不公正的。面对高楼大厦围建的中央公园，布克金感叹的是自然的"终结"。受20世纪70年代开始的"逃离城市"风潮影响，一方面，郊区建设导致城市更加杂乱、无序扩张，成为一个缺乏中心的庞然大物：大量植物被连根拔起，大量动物失去赖以生存的家园，人们在城市与郊区之间的交通消耗大量的能源，分散的人群也势必扩大污染的环境；另一方面，奔波于不同地点的生活方式，并没有给予郊区市民所期待的诗意栖居，新田园的梦想被现实的无根感粉碎[9]。

面对植根于自然与城市二元对立关系中的"反城市"倾向，生态批评学者并没有提出毁灭城市、回归田园的建议，相反，他们认为应该将城市视为自然的一部分[10]。在《无城市的城市化》中，布克金强调，城市的最佳状态是生态社区。城市本身不是问题，问题的根源在于城市化。而解决问题的关键不是消除城市、完全抹杀城市化，而是从生态系统的整体主义和发展思维的角度，将城市视为生态社区，鼓励市民通过互动建构城市的"第二自然"，即"与自然环境共存的人为自然"。劳伦斯·布伊尔（Laurence Buli）在《为濒危的世界写作》中，将"环境"定义为"感知世界中'自然的'和'人造的'两个维度"，提出我们不能逃离城市，而应该找到新的方式"重新栖居城市"。

4.3.1 消解城市与自然的边界

早在20世纪70年代，英国、德国等国家就开始关注城市自然生境空间保护问题，并将其作为城市可持续发展的重要战略，推进城市与自然的融合。进入21世纪，欧洲许多城市开始将自然演替作为公园自主设计的一部分，在满足市民休闲活动的前提下，专门划出一片区域作为不受人为干扰的荒野地，使之成为当地野生生物重要的栖息场所。伦敦还提出，在城市内认定一系列具有重要保护价值的"自然场所"，并依照市民实际步行距离不超过1km的原则持续增设。截至2019年年初，已认定约306.3km²的自然场所，约占市域总面积的19.4%[11]。柏林将城市自然生境空间中具有特殊自然价值、人类干扰程度较低、生态或景观价值较高的部分纳入《联邦自然保护法》框架予以保护，从整个城市尺度构建城市自然生境空间体系，打破"自然—城市"界线，在同一个法律框架下保护和管理城市自然生境空间[12]。目前，柏林受法律保护的城市自然生境空间所占比例约为24%，柏林城市自然整体计划提出的目标比例则是34%。在国内，以俞孔坚为代表的诸多学者，在对我国城市绿地的可达性基础上进行深入研究，提出"基础设施生态化"理念。生态网络构建从仅为人类服务，转向追求人与自然的和谐共生；从"功能规划"，转向为"效能规划"。近年来，有规划师以"生态融城"理念概括对未来城市的构想，关键强调一个"融"字，其蕴含着"包容""溶解"及"交融"之意，即以生态来溶解城市，打破"城—绿"两分格局，建立一种新的空间生态秩序；并以此化解人地僵局，实现城市与生态的包容发展，描绘了人与自然互为睦邻、城市与生态和谐共处的美好愿景[13]。

— 成都公园城市规划实践 —

成都公园城市建设提出，打造以公园为中心的人文、新经济集聚模式。在城市区域，依托各级公园和城市开敞空间，以绿道为脉络，结合城市功能、公共服务设施、产业、商业、文化等，形成"公园＋"的空间布局模式，积极营造新业态、新场景。在乡村区域，以农业园区/农业景区为本底，以绿道为脉络，串联林盘与特色镇，植入创新、文化、旅游、商贸等功能，构建"农业园区/农业景区＋林盘＋特色镇"的空间布局模式，实现农、商、文、旅、体融合发展。

麓湖生态城是国际化社区建设示范点，也是建设公园城市先行区的首个典范社区，面积 9.34 km^2，规划人口 15 万，居住人数 600 户，流动人口每年超百万人次。麓湖生态城拥有优越的生态本底、融合的布局形态，注重高品质的建筑设计、多样化的居住空间；营造了"公园＋"的活力消费场景业态，形成文化、公园与智慧融合的三级邻里服务空间。麓湖生态城建设用地（570 hm^2）与景观用地（470 hm^2）几乎是 1∶1 的关系，凭借全龄友好的建设理念与特色鲜明的人文活动，成为市民喜欢的网红公园。作为园区、景区和住区融合的开放社区，社区即家园的生活体验正在深耕萌芽。麓湖生态城有60多个类型丰富的社区组织，举办活动超500场，并超越社区边界，由住区内外的人共同参与；形成了广泛认同和国际影响，获得各种荣誉，接受了多次外国友人的考察访问。同时，社区内营造"麓色菜园"等众多人文生活场景，组织"麓湖狂人节"等特色鲜明的人文生活，打造服务人民的绿色城市。

4.3.2 留住生态廊道

城市中的生态廊道包括三类，第一类是让生物迁徙流动的生物迁徙通道，第二类是风的廊道，最后一类是水的廊道。生物迁徙通道关注的是城市中需要重点保护的野生动物，尤其是标志性物种，并针对不同的目标物种，归纳出具有针对性的生态廊道的适宜宽度。风的廊道通常要从区域尺度进行考虑，形成通风廊道，有助调节城市气候及促进空气流通，驱散周围的污染物，减少空气滞留情况。一方面，要控制一部分空气流动，限制城市污染物、大气污染源的扩散，对上游大气污染开展综合整治。典型的案例是京津冀地区的大气污染联防联控机制。另一方面，是要促进一部分空气流动，比较典型的作用是缓解热岛效应，可通过增强通风潜力，改善局部气候；可以通过通风廊道规划，对城市空间布局进行引导，并对主通风廊道区域实施严格规划控制。水的廊道最常见的是雨洪廊道，可以与城市雨水海绵系统共同搭建，修复城市内各片区间的地表径流或潜在雨水廊道的连通度，从而提升天然河流河道的水体自净功能。这三种廊道均是城市中的线形自然要素，耦合了地形地貌，尤其是水系网络，通常需要整合考虑，协同优化生物迁徙通道、区域通风廊道和雨洪净污通道的布局。

4.3.3 关注生物多样性与生境塑造

北京林业大学王向荣教授在《城市荒野与城市生境》一文中指出，中国城市建成区绿地率已达30%以上，但大多数城市生物多样性的表现却非常弱。实际上，城市绿地面积的增加，并不一定意味着城市生态功能特别是生境和栖息地质量的提升。传统的城市生态规划应更加强调生态空间功能，更关注城市生物多样性保护。而城市自然生境空间体系的构建，将助力城市实现以下目标：一是为城市野生生物提供生存空间，提高城市生物多样性水平；

二是促使城市自然生境空间发挥能量流动、清洁环境、保持水土和改善微气候等重要生态作用；三是满足不同人群的发展需求，减少城市人群的"自然遗忘"和"自然距离"；四是推动公园城市品牌价值塑造。

　　新加坡作为全世界公认的"花园城市"，近年来逐渐从关注绿色城市景观实践转向关注"城市自然化"。通过制定城市生物多样性指标，明确当城市自然区域占比大于20%时，可以达到较好的城市生物多样性水平。而柏林的生物群落专家为柏林确定了34种适合本地的目标物种（包含本地植物和野生动物），从而指导城市自然生境空间网络构建和营造；同时，根据主要生境群落特征，将城市自然生境空间分为森林生境、水域生境、野外走廊生境、杂草走廊生境和公园/绿地生境5类，并在此基础上，从目标物种的栖息、活动需求出发，分别为5类城市自然生境空间构建包含"现状自然生境核心区、现状自然生境连接结构、潜在自然生境核心区和潜在自然生境连接结构"在内的网络结构。柏林的城市自然生境空间网络规划，不仅满足了本地目标物种的生存需求，还为城市土地开发景观要素匹配提供了相关指导[11]。

4.3.4 推广绿化容积率并增加高碳汇植物

推广绿化容积率。注重"立体绿化"导向，积极推广屋顶绿化、垂直绿化等，营造畅享绿意的宜居立体绿化场所。一是增加立体绿化以提升绿地覆盖率，如新加坡就提出"绿化返还100%"，即通过建设立体绿化，实现区域开发前后总体绿量不减少。二是推广绿化容积率（Green Plot Ratio）概念（即三维测量项目如屋顶和垂直外墙等空间内的绿地密度），鼓励形式多样的立体绿化，保障实现开窗见绿；例如高度不超过50 m的公共建筑合理选用花园式、草坪式、组合式等屋顶绿化；悬空建筑下绿化以及墙体垂直绿化也均可通过折算计入绿化容积率。

适当增加高碳汇植物比例。被植物在光合作用中吸收固定的碳即成为植物的"碳汇"。通常而言，草坪不但维护成本极高，其生态效益也远小于灌木、乔木。因此，合理搭配乔木、灌木和草坪，以乔木为主，有利于增加城市的总碳汇量。为提供更好的碳汇水平，绿地中乔灌木覆盖率不应低于70%；从而使绿地发挥更高的生态作用。而不同的树木固定碳的能力也有高低差异，如北方地区，侧柏到达成熟年龄时平均每年碳汇量只有0.37 kg；而杨树到达成熟年龄时平均每年碳汇量可高达61.92 kg，碳汇能力差别非常巨大。因此，绿化种植应优先选择适应本市气候及当地土壤条件的高碳汇植物，比如上海常见高碳汇绿化植物有樟树、广玉兰、二球悬铃木等，根据测算，同样胸径20 cm，樟树平均碳汇量为60.2 kg，广玉兰平均碳汇量为64.3 kg，二球悬铃木平均碳汇量可达72.5 kg。

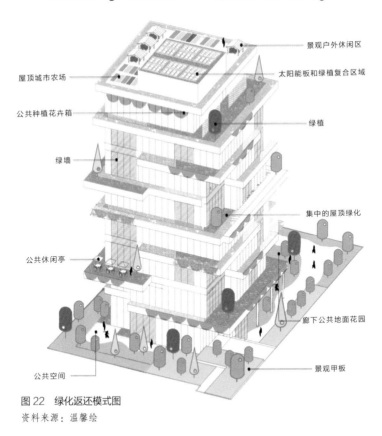

图22 绿化返还模式图

资料来源：温馨绘

本章参考文献

【1】 杨保军，王军.山水人文智慧引领下的历史城市保护更新研究[J].城市规划学刊，2020（02）：80-88.

【2】 王军，朱瑾.中国古代的自然观与传统建筑的"绿色"理念[J].西安建筑科技大学学报（社会科学版），2009，28（04）：54-58.

【3】 崔雪芹.中国古建筑屋顶坡度"记载"千年气候变化[N].中国科学报，2021-09-10（001）.

【4】 高祥飞，费文君.从古今中外营城造园理念探讨城市发展新模式[J].广东园林，2021，43（01）：51-55.

【5】 郝思嘉，刘晓明.汉代上林苑昆明池水景空间研究[J].城市建筑，2022，19（12）：97-99.

【6】 郝天，莫罹，龚道孝.中国古代治水理念及对城市水系统建设的经验启示[J].给水排水，2021，57（01）：72-76.

【7】 王建国."从自然中的城市"到"城市中的自然"——因地制宜、顺势而为的城市设计[J].城市规划，2021，45（02）：36-43.

【8】 吴良镛.桂林的城市模式与保护对象[J].城市规划，1988（05）：3-8.

【9】 Ashton Nichols. Beyond romantic ecocriticism：toward urbanatural roosting[J]. ISLE：Interdisciplinary Studies in Literature and Environment，2012，19（1）：214-215.

【10】唐建南.从城市生态批评视角论城市怪象[J].南京林业大学学报（人文社会科学版），2020，20（04）：104-112.

【11】何萍，王波.城市自然生境空间体系构建研究——以成都天府新区直管区为例[J].规划师，2020，36（23）：38-43.

【12】李梦一欣.德国城市自然整体规划研究与启示[J].风景园林，2022，29（06）：70-75.

【13】吴敏，吴晓勤.基于"生态融城"理念的城市生态网络规划探索——兼论空间规划中生态功能的分割与再联系[J].城市规划，2018，42（07）：9-17.

第 5 章

十大法则：
应对低碳社会的城市规划新方法

迈向低碳社会

5.1 三种视角下的逻辑关系与规划思考

　　低碳社会（Low-carbon Society）描绘了全球气候变化背景下的新型社会形态，代表了一种新的社会生活方式与经济发展模式。低碳社会导向下的城市规划方法，应以发展经济和提高人们生活质量，同时减少碳排放，实现高质量社会生活与高碳排发展路径脱钩为目标。基于自然逻辑打造更融合的空间本底，基于行为逻辑引导更低碳的生活方式，基于技术逻辑实现更高效的城市碳排，整合这三种视角下的逻辑关系，形成低碳社会发展的核心路径。

　　从"城市中的自然"到"城市即自然"，基于自然逻辑建立人与自然和谐相处的城市空间本底，建设城市生态社区，突出城市的生境空间网络。城市与自然的和谐共生是实现低碳社会的基础。自然逻辑下的城市规划方法，以保证城市生态环境与生物多样性为核心目标，力图打造生境友好、功能复合、畅享绿意的城市。多尺度、多维度打通城市与自然的边界，在持续关注绿色空间发展的同时，进一步注重生态环境、大气环境、水环境、土壤环境、声环境等环境质量的提升，以及绿色循环经济的发展。其中，城市生境空间网络规划是新的规划目标，实现城市中的自然演替，尽量减少人类的干扰。

从"功能布局"到"场景营造"，基于行为逻辑营造以人为中心的低碳场景。更低碳的生活方式是实现低碳社会的重要表征。行为逻辑下的城市规划方法以引导人在城市中更低碳地行为活动为核心目标，传统的城市规划注重功能布局，新的城市规划核心要注重场景营造，优化城市空间和形态。重点通过低碳社区、低碳园区、绿色交通等生活场景空间的营造，帮助人群形成绿色生活方式，以及增加城市碳汇空间，为人群提供更绿色低碳的休憩空间。最终实现从绿色低碳的场景营造到人群多样行为场景的绿色低碳化。

从"经验主义"到"技术引领"，基于技术逻辑，发挥技术进步对低碳社会建设的定量支撑作用。减碳技术的发展与应用是减碳的核心和关键，也是直接影响城市碳排放量的关键要素，未来需要依靠新技术，实现城市建设运营过程中的大比例减碳。不同方面的减碳技术，对低碳社会建设产生了积极的影响，同时对城市整体系统也产生新的要求。能源技术、建筑建造技术、市政基础设施新技术的使用，都会对整个城市的减碳目标产生不同的影响。未来需要研究，不同的技术对城市与街区减碳量化比例的影响，统筹减碳成本与减碳效益的相对平衡，为不同的城市选择出最有效和最可持续的减碳技术。

城市规划的减碳前置就是从城市与自然的和谐相处的布局、低碳场景的营造，以及先进减碳技术的应用出发，综合应用城市规划方法支撑低碳社会建设。由此就带来了城市规划方法的革新，本文正是基于这三个方向，提出影响城市规划建设的"十大法则"。

5.2 建构新方法：制定十大营城法则

5.2.1 法则一："+绿色"，建设城绿共生的绿化网络

充足的蓝绿空间既可以提高城市吸收和固定二氧化碳的能力，也可以提供多样的综合生态服务价值及其他服务功能，这些蓝绿空间同时还具备排水防洪、过滤污染、充当防风和隔音屏障、改善微气候等功能。也可以为居民提供景观和休闲娱乐环境。传统的城市绿地布局通常被动地服从于建设空间布局，设计师往往更加关注"绿心""绿轴"等形象表征及环境景观的精心塑造。这种侧重视觉形式意义而非理性结构科学的布局方式，降低了城市绿色生

态空间的综合效益。而低碳社会的发展，要求城市的生态空间具有更合理的格局及更高的生态效益，在绿化总量之外更关心绿化质量，保障绿量比例的前提下，还需要理性优化绿色网络的空间布局，考虑绿化种植的植物结构和种类等。

提升蓝绿空间在不同空间尺度的比例。城市蓝绿空间占比是基础性指标，尤其在城市/城区尺度上（30～100 km^2）上，整体把握区域绿色生态空间与建设空间的比例关系，稳固生态安全格局是规划重点。如雄安新区通过退耕还淀、疏浚水系等生态修复治理措施，实现蓝绿空间占比稳定在70%。需要注意的是，蓝绿空间占比目标绝非一概而论的统一标准，而应根据空间尺度和地域特征做出相应调整。而在城市街区尺度（1～3 km^2）上，在保障绿地率达标的基础上，更重要的是提升绿色生态空间的可达性，改善人居环境。2017年世界卫生组织颁布《城市绿地空间：行动计划概述》提出，应使城市居民能够在300 m直线距离（步行约5分钟）范围内使用至少0.5～1.0 hm^{2}的公共绿地。在成都市的公园城市实践中，麓湖生态城地区的建设用地（570 hm^2）与景观用地（470 hm^2）的比例几乎是1:1。所有的绿色生态空间都可以充分利用，植入全龄友好的游览设施与特色鲜明的人文活动，建成市民"随处可达"的"网红"公园网络。

立体绿化是提升城市绿色空间覆盖率的新关键。传统城市绿地规划较为重视对绿地率、人均绿地面积等指标的引导，但城市绿化空间毕竟非常有限。因此，引导城市立体绿化，充分利用屋顶、立面墙体也非常关键。上海"15分钟生活圈"建设也提出，采取"微更新"方式推动小微绿地与口袋公园建设。同时，积极鼓励形式多样的立体绿化，推广屋顶绿化、墙体垂直绿化、悬空建筑下绿化、草坪砖停车绿化、绿地包围水体等多种绿化形式。不少城市也开始将立体绿化水平作为重要的管控指标，如深圳市要求新建公共建筑物实施屋顶绿化或架空层绿化，实际绿化面积不宜少于可绿化面积的60%；新加坡推出了绿化容积率概念，并要求从2016年起，所有新组屋项目的绿色容积率必须至少达到4.5。这成为打造全球"花园城市"的典范举措。

5.2.2 法则二：多样化，形成物种多样的自然生境

绿色生态空间不仅要关心量和布局，还要关心空间本身的质量，即生态效益的提升。无论是绿地系统规划中的

"点—线—面"，还是景观生态学中的"斑—廊—基"，城市生态建设愈发关注生态空间的连通与体系化，即生态连接。基于空间连通，生态连接对于生物多样性保护、物种运移、环境改善及休闲游憩等多项网络效益有着重要的促进意义。面向未来，城市绿色空间将是一个生机勃勃、多样生物共存的自然生境。

提升生态网络连通度，匹配生物迁徙规律。规划必须关注连通绿地斑块，建立物种多样的自然生境，重建动物种群的自然通道，提升生态网络的连通水平，为生物物种提供完整且丰富的群落栖息地和迁徙通道。规划应结合生态敏感性分析结论，识别重要生态斑块和生态廊道，确定生态安全格局。结合现状地形地貌等进行空间布局和场地设计，保护生态斑块和生态廊道，保护原有水域、湿地和植被等，连通绿地水系网络，并根据绿地结构特点构建生态网络。国内一些规划研究指出，生态网络连接度① 宜达到0.6以上，同时，需要合理确定迁徙廊道宽度，科学布置数十米至数公里宽度的栖息和迁徙廊道[1]。

---

① 生态网络连接度＝(区域内廊道总长度/区域内景观生态网络变形系数)/区域内应连接节点数×区域面积；其中，变形系数为各节点间实际廊道总长度与直线总长度的比值。

推广生境指数，以构建服务生态系统的绿色基础设施。在城镇化进程中，区域大型基础设施建设对生态地区造成割裂，阻碍了不同生境斑块之间物种移入、移出的自然过程，导致生态系统质量下降。因此，以"绿色基础设施"缓解生境碎片化问题，在城市生态保护与修复工作中愈发被视为一项极为关键的空间措施。1997年德国柏林实施"生境面积指数"（Biotope Area Factor），通过评估不同绿色基础设施类型所能提供的6项生态服务功能水平确定权重系数，包括水分蒸发量、滞尘能力、雨水渗透和储存能力、雨水储存量、自然土壤功能、提供动植物栖息地[2]。最终将场地内不同类型绿色基础设施面积的比率相加得出"生境指数"，并要求各类型绿色基础设施的有效面积高于0.3[①]。目前，柏林生境指数已在德国法定规划所管制的城市建设区域内开展应用推广，对保障场地自然植被覆盖、控制开发密度、增强绿色基础设施的生态系统服务功能起到不错的效果。

---

① 生境指数=绿色基础设施的有效生态面积/总用地面积。其中，绿色基础设施的有效生态面积=表面类型$_1$总面积 × 权重系数$_1$+表面类型$_2$总面积 × 权重系数$_2$+……+表面类型$_n$总面积 × 权重系数$_n$

表面类型	权重系数
完全封闭地表	0.0
部分封闭地表	0.3
半开放地表	0.5
植被和下层土壤未直接相连的表面类型Ⅰ（覆土厚度不超过80 cm）	0.5
植被和下层土壤未直接相连的表面类型Ⅱ（覆土厚度超过80 cm）	0.7
植被和下层土壤直接相连的表面	1.0
由屋面收集并传输渗透至地下的雨水量	0.2
10 m高度以下的垂直绿化	0.5
屋顶绿化	0.7

资料来源：张炜、王凯《基于绿色基础设施生态系统服务评估的政策工具，绿色空间指数研究——以柏林生境面积指数和西雅图绿色指数为例》

5.2.3 法则三：组团式，建构人性尺度的空间单元

城市"摊大饼"式的扩张产生了不少负面效应，成为当今诸多"城市病"的根源。在面向低碳社会的建设理念指导下，城市应控制合理的规模和人性化的尺度，以形成更加均衡的职住布局和更舒适的人群活动半径。

选择尺度合理的组团规模。通过多中心、组团式的均衡布局模式，提高城市的运行效率，减少市民的通勤距离，进而降低交通碳排放。在城市整体层面，根据人口数

量优化城市内部空间结构，推动形成多中心、多层级、多节点的网络型结构及组团式发展模式。不同规模、不同自然山水本底、不同资源要素的城市，其组团的合理规模不尽相同，应根据人口密度、环境容量、通勤时间等关键要素，将组团的规模控制在合理区间内。在不同历史阶段与不同交通模式下，组团规模不尽相同。当前 5 km 应该是幸福通勤的合适距离[3]。以 5 km 通勤距离为半径、75% 覆盖率进行匡算，大约每个组团规模需小于 50 km²。考虑到仅计算直线距离带来的折损，组团规模的合理区间应在 30～50 km²。

自我平衡的组团组织机制。在城市组团内部，依据人的活动轨迹特征优化设施布局，建设宜居、宜学、宜养的 15 分钟社区生活圈。在布局卫生、养老、教育、文化、体育等社区公共服务设施时，应结合居民的日常生活路径，为多元人群提供全方位、全天候、多功能支持的社区服务。鼓励组团内的职住平衡，促进居民在家门口创业、就业，缩短通勤距离。在轨道交通站点周边，以及交通便捷、生产生活便利、租赁需求集中的区域，配建一定规模的租赁住房；同时，保障社区内一定比例的就业空间，预留必要的混合用地或兼容性空间，鼓励发展居住、商业、办公、科研等功能。

5.2.4 法则四：混合式，形成超级混合的布局模式

城市是一个多种功能共存、互相关联的物质载体。简·雅各布斯在《美国大城市的死与生》中批判的主要对象就是规划倡导明确的城市功能分区，她认为多样性是城市的本质需求，功能混合是城市空间活力的一大支撑。低碳社会建设背景下，功能混合便是城市发展的一种重要原则，也是一种有利于减碳发展目标的布局模式。过去单一功能的大规模组团通常会带来通勤距离长、"钟摆式"交通、服务失衡等问题。而面向更加低碳的社会形态，各种城市功能应根据相互之间的关联性不同，在空间上采取适当的混合布局。

在水平方向上，规划应鼓励在街区、街坊和地块层面进行土地复合利用。如前海深港合作区综合规划将地区划分22个开发单元，单元内部根据主导功能安排开放空间、公共性、私密性功能用地布局模式及适建比例。在相邻街坊和街坊内部的不同地块上设置商业、办公、居住、文化、社区服务等不同使用功能，通常要求新建地区混合街坊的比例不低于60%。

在垂直方向上，可在住宅底层增设商铺，也可在高层建筑中混合办公、酒店、住宅、零售商业等多种服务业。深圳市提出单个综合体建筑或项目开发至少混合三种不同功能，主要功能建筑面积占比不超过70%，并推动生产企业"工业上楼"，出台《深圳市光明区"工业上楼"建筑设计指南》，明确行业高通用性、高集约性等要求，以及建筑标准、消防、节能、环保等规范要求。底层用于物流集散和成品交付，低层用于连廊、餐厅和展厅等公共服务空间，中低区作为重型生产车间，高区作为加工检测和研发空间，推动突破功能兼容的传统约束，建设"多功能垂直工厂"。需要明确的是，"混合"并非"杂糅"，要关注到不同功能空间之间的相容性。

突破单一功能的用途约束，由平面土地功能混合进一步向复合空间利用转变，从一种功能到一种主导功能兼容其他功能成为未来城市规划的新管治方法。如中国香港针对不同类型的建筑，细化形成"分层功能详细指引清单"，鼓励公共空间和公共设施地上地下一体化设计、开发，合理配置并"打包"出售及灵活多变功能空间，明确开发时序，从规划编制调整、土地出让、建设管理、不动产登记等方面，探索混合用地审批管理办法。

各地出台混合用地政策的探索 表5-2

北京市	《北京市建设用地功能混合使用管理办法》	（2022年）	建设用地12类功能主导区，主导功能超过50%即可
上海市	《上海市加快推进具有全球影响力科技创新中心建设的规划土地政策实施办法（试行）》	（2017年）	允许产业类工业用地配套科技创新服务设施的建筑面积占项目总建筑面积的比例一般不超过15%
深圳市	《深圳市城市规划标准与准则》《深圳市优质产业空间供给试点改革方案》	（2021年）	鼓励单一用地性质的混合使用；鼓励混合用地的混合使用。规定新型产业用地（M0）以建设无污染生产制造的厂房和研发用房为主，不得用于纯商业办公。可转让建筑面积一般不得超过项目总建筑面积的30%
厦门市	《厦门市混合产业用地试点工作方案》	（2022年）	选取综合保税区、保税区，轨道交通一般站点半径100 m、换乘站点半径300 m范围内，机场、高铁等综合交通枢纽站点1 000 m范围内，建筑高度100 m以上的商业、办公项目用地作为混合用地，由资源规划部门进一步明确地块允许混合利用的用途清单、主导功能及比例

5.2.5 法则五：中密度，引导集约紧凑的低碳形态

城市密度是定量描述城市空间形态的重要指标。大量学者的研究表明，城市密度与经济效益、能源效益和人本舒适效益之间均存在"倒U"形关系[4]。因此，我们可以大致判断城市存在一个理论上适宜的中等密度（简称"中密度"）。这个概念在技术逻辑部分也谈到了一些。"中密

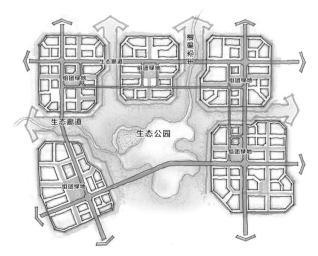

图23 法则一："＋绿色"，建设城绿共生的绿化网络示意图
资料来源：温馨绘

图24 法则二：多样化，形成物种多样的自然生境示意图
资料来源：温馨绘

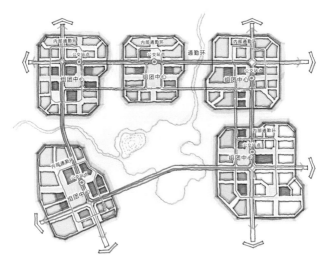

图25 法则三：组团式，建构人性尺度的空间单元示意图
资料来源：张庆尧绘

图26 法则四：混合式，形成超级混合的布局模式示意图
资料来源：张庆尧绘

度"的空间形态符合低碳社会的目标导向，可以平衡高密度和低密度两者的弊端，实现经济、环境和人本三者效益的最大化。

地块尺度确立"中密度"的基准指标。中密度的空间形态主要通过容积率、建筑高度和开放空间率三个方面来界定。在"中密度"的容积率控制方面，结合上海、广州等大城市的一些特点，建议大城市"中密度"的基准容积率为住宅用地1.6～2.0，非住宅用地2.5～3.0，并将其界定为中等开发强度。"中密度"的建筑高度控制可分为三种类型，即多层建筑（7～9层、36 m以内）、中高层建筑（10～15层、45 m以内）、高层建筑（15～18层、60 m以内）。鼓励选取多层建筑作为"中密度"的高度控制指标，并严格控制高层建筑建设的数量和比例，高层建筑应经过充分论证，集中布局。按照住房和城乡建设部应急管理部《关于加强超高层建筑规划建设管理的通知》（建科〔2021〕76号）文件的规定，城区常住人口300万人口以下城市严格限制新建150 m以上超高层建筑，不得新建250 m以上超高层建筑；城区常住人口300万以上城市严格限制新建250 m以上超高层建筑，不得新建500 m以上超高层建筑。同时，要求各地相关部门严格审批80 m以上住宅建筑和100 m以上公共建筑建设项目。

城市尺度形成合理的城市密度分区。无论是平均密度，还是中位密度，均不能代表聚集区域内密度的全貌。可以通过引入密度分区概念及比例控制要求，引导城市的空间形态，即中间密度的街区应占街区总面积的最大比重，建议在50%～60%或以上。此外，枢纽站点周边和中心区布局较高密度分区，城市外围地区则布局相对较低密度分区，最高密度分区和最低密度分区占比也应严格控制。这样，既能形成丰富的城市形态变化，也能防止总体建设容量失控。

5.2.6 法则六：新基建，预留低碳先锋的设施空间

低碳社会的建设离不开市减碳相关的新基建技术落地实施及运营。但是在当前低碳技术运用过程中，诸如屋面空间争抢、分布式能源站落地选址等现实问题屡屡出现，究其原因还是新基建与城市空间耦合运用出现问题。因此，为了新基建的高效运行，需要在新基建的选择和布局上做好空间匹配。

匹配地域个性的新设施与新技术遴选。在进行规划之初需要基于所在地区的气候特征，选择合适的减碳技术并

优化其布局方式，保障减碳技术的高效运行。布局需要同时统筹平面布局和立体三维布局。在平面布局中，预留分布式能源站的布局空间；由于供热（冷）效率随距离衰减特征，分布式能源站站址一般选择近负荷中心，并保持合理的供能半径。在建筑的三维布局中，应协调好建筑光伏与立体绿化的混合布局；应尽量保证南向平整的屋顶空间，以此增大可安装建筑光伏、光热技术的面积比例。

减碳技术空间需求梳理　　　　　　　　　　　表5-3

技术簇群	技术名称	空间诉求
能源供给减碳技术	分布式供能技术	做好空间预留、城市功能与能源供应匹配
	余热供应技术	城市功能与能源供应匹配
	建筑光伏技术	做好空间预留
	建筑光热技术	做好空间预留
	热泵技术	气候与场地适应
建筑运行减碳技术	超低（近零）能耗建筑技术	气候与场地适应
	光储直柔建筑技术	做好空间预留
绿色交通减碳技术	交通电气化技术	城市功能与能源供应匹配、结合人群活动布局减碳设施
	智能共享出行技术	城市功能与能源供应匹配、结合人群活动布局减碳设施
资源循环减碳技术	固废循环减碳技术	城市功能与能源供应匹配、结合人群活动布局减碳设施
碳汇增强技术	水循环减碳技术	气候与场地适应
	乔灌木配置技术	气候与场地适应
	立体绿化技术	气候与场地适应、做好空间预留

探索新基建落地中的空间矛盾解决方案。当前能源、交通、建筑、资源、绿化等单一领域的减碳技术不断迭代，但在规划阶段缺乏多学科技术融合的统筹平台。未来应加快搭建减碳技术集成体系，首先需要溯源城市碳排放特征，识别减碳关键维度。其次梳理不同维度之间的协同效能，遴选并推广高效、协调的减碳技术措施。如为了解决屋顶光伏与屋顶绿化的空间冲突，规划通过架高光伏、结合板下绿化的"光伏绿化一体化"方式，在立体空间上为可再生能源设施腾出承载空间[5]。

5.2.7 法则七：分布式，构建高效均衡的能源架构

能源革命带来了集中式与分布式相结合的能源资源格局，城市中的减碳措施更多地依赖于能源供应和资源循环的分布式系统。高效均衡的空间架构能够将消耗资源、丢弃废弃物的线性系统转化为循环体系，使能源、固体废弃物和水等资源彼此作用和相互利用。

以能源布局为中心锚定城市空间布局。分布式能源系统能够实现能源的阶梯式综合利用、提高能效，是城市节能减排较为有效的方式。它的广泛应用对城市的空间形态、土地利用、能源潜力等都有一定的要求，带来空间形

态布局逻辑的改变。未来城市规划应考虑城市空间形态对能源利用的影响，通过对资源条件、基础设施、用能需求等初步分析明确规划目标；通过供给需求平衡分析，构建组团化的用地布局，匹配分布式能源站的经济输配距离。目前建设的大部分能源站服务半径大致是1～2 km，并由此定义了能源单元可能的规模和尺度，而能源单元与城市社区空间的耦合，进一步定义了新的城市空间形态。

源头处理设施的均衡化布局推动资源循环利用。从资源循环利用视角，"垃圾"分类回收是关键环节与必要前提。以生活垃圾为例，垃圾末端处置措施不管是填埋还是焚烧，都不可避免地会产生污染物、残渣和有害气体排放等二次污染。未来的方向是尽可能将末端废弃物处理量降至最小，从产生源头着手提升回收利用效率。如上海目前尝试推广的"消灭型餐厨垃圾处理设备"，采用生物好氧降解技术将有机垃圾在3～24小时内充分降解，并且设备占地面积小、自动化程度高，适合在小区、学校、单位食堂、景区等多种场景布局使用。再如与社区公园、街头绿地等结合的雨水花园等调蓄设施，配合雨水回收以及生活污水回用系统，也可以有效推动污水的源头就地处置，减少供水及污水处理环节的碳排放。

5.2.8 法则八：场景化，形成绿色低碳的行为场景

面向低碳社会的规划不能忽视居民生活方式的改变对城市的碳排放量影响，通过为居民带来更多与自然互动的机会、更便捷的生活服务设施和更绿色的交通出行选择，营造低碳生活的居住办公、出行、购物、休闲场景，从而影响人们绿色低碳的生活方式。优化形成以人为导向的空间形态，培养绿色的生活方式，在潜移默化中实现城市减碳。

在低碳的居住办公场景营造方面，植入绿色便利的生活设施可以在保障居民生活品质的同时，培养低碳且健康的生活方式。如丹麦小城贝泽，在居民自发组织建设的建筑内安装固体废弃物焚烧炉、太阳能和风能发电设备，实现室外温度低于-5℃时的清洁供暖。同时，推广使用对环境危害程度最低的电冰箱、制冷设备、炊具以及各种节能"小机关"，如使用低水量的厨房水龙头，以及能源支出提示醒目的电表、水表、天然气表等。

在低碳的出行场景营造方面，通过建立智能共享的交通体系并推广绿色交通工具，实现更高比例的绿色出行。如出行即服务（Mobility as a Service，MaaS）系统就是基

于现状已有的交通方式，在利用技术综合匹配乘客出行的时间成本和对环境影响的基础上，提供更绿色出行方式的服务平台。北京市通过在 MaaS 项目中嵌入了激励出行者低碳出行的碳普惠机制，已经实现碳排放减量 39 万吨，完成 PCER（北京认证自愿减排量）碳交易 2.45 万吨[6]。

在低碳的购物娱乐场景营造方面，积极鼓励近距离利用本地有机食品配送服务（超市集中送货以减少居民分散的往来交通）等"绿色生活方式"。如英国贝丁顿"零碳社区"通过设置贝丁顿中心，集合幼儿园、读书俱乐部、酒吧、足球场及共享集会空间，为居民提供公共空间举办晚会、健身课程等活动；同时，25% 的家庭加入本地有机水果和蔬菜篮子计划，并在自家"迷你花园"中种植蔬果；居民还创建了社区简报和博客，共同培养环保的生活习惯[7]。

在低碳的休闲场景营造方面，通过适应气候条件的空间形态设计营造更加适宜亲近自然的空间，吸引附近居民就近休闲。如新加坡登加新镇形成了丰富的绿化和公共花园基底，实现雨水就地消纳和利用，并因地制宜与社区花园结合，形成了种植区、花园区、公园区、森林区等特色街区，为社区居民又打造了一系列舒适宜人的运动休闲空间。

—伦敦贝丁顿"零碳社区"—

伦敦贝丁顿"零碳社区"位于英国伦敦西南郊的萨顿镇,2002年建成。该项目所在地原来是一片污物回填地,萨顿镇政府为了将废地充分利用起来,决定在此开发生态村项目。政府希望建造一个"零化石能耗发展社区",即整个小区只使用可再生资源产生满足居民生活所需的能源,理想状态下可不向大气释放二氧化碳,其目的是向人们展示一种在城市环境中实现可持续居住的解决方案以及减少能源、水和汽车使用率的各种良策。

这一理念提出后,伦敦最大的非营利性福利住宅联合会Peabody信托开发组织和环境评估专业公司生态区域开发集团于2000年开始联手打造贝丁顿零碳社区,并于2002年建成。社区建筑设计由英国著名生态建筑师比尔·邓斯特完成。社区在零碳供暖、绿色出行、节约资源等方面探索了一条低碳技术与绿色生活相结合的道路。

社区利用生物质锅炉为社区的区域供热系统提

供所有热量。每户住宅都设计有朝阳的玻璃房，可以最大限度地吸收阳光带来的热量；屋顶采用太阳能板，退台的建筑形体进一步减少了相互遮挡，以获得最多的太阳热能。屋顶上装有以风为动力的自然通风管道——风帽，"风帽"中的热交换模块利用废气中的热量来预热室外寒冷的新鲜空气，并借助自然通风系统实现了最小化通风能耗。社区建筑的屋顶还种植了大量的半肉质植物，以达到自然调节室内温度的效果。

社区建有良好的公共交通网络，包括两个可搭乘通往伦敦火车的站台、两条社区内部公交线路。遵循"慢行优先"的政策，社区内建设了宽敞的自行车库和自行车道、照明良好的人行道以及设有婴儿车、轮椅通行的特殊通道。此外，为减少居民乘车出行，社区内设有办公区，且公寓和商住、办公空间的联合开发，减少社区内的交通量。对于日益增多的电动车辆，社区设置免费的充电站，且其电力来源于所有家庭安装的太阳能光电板。

社区在水资源、能源、交通、土地、选材等方面都涉及了低耗的设计。如社区建有独立完善的污水处理系统和雨水收集系统。生活废水被送到小区内的生物污水处理系统作净化处理，部分处理过的中水和收集的雨水被储存后用于冲洗马桶，这些水其后还可以进行净化处理，并在芦苇湿地中进行生物回收；多余的中水则通过铺有砂砾层的水坑渗入地下，重新被土壤吸收。社区在建造过程中"就近取材"和大量使用回收建材，建筑的95%结构用钢材是从56公里内的拆毁建筑场地回收而来，其中部分来自一个废弃的火车站。

5.2.9 法则九：绿色出行，完善随处可达的交通网络

交通维度的碳排放是城市碳排放的重要部分，因此在满足社会经济发展和城市居民刚性出行需求的前提下，构建低能耗、低污染、低排放的低碳交通体系十分必要。主要通过提高公共交通比例、优先慢行系统建设等措施，降低单位客运量的碳排放强度，减少城市交通领域对化石高碳能源的依赖。

高覆盖率的公共交通站点设置匹配居民公共交通出行需求。公共交通出行常常因为"最后一公里"的不便影

响居民的出行选择，因此解决"最后一公里"问题，提高公共交通站点的步行覆盖率是提高公共交通出行意愿的重要措施。步行速度一般每分钟约为80 m，新加坡2019版总体规划（The Master Plan. 2019）目标是实现10分钟地铁站覆盖率达到90%，其考虑的是大约800 m半径的公共站点覆盖率。借鉴这个经验，中心区大中运量公共交通站点800 m覆盖率应达到90%～100%；对于郊区而言，公共交通站点800 m覆盖率不应低于80%，且需要根据大中运量公交站点布局设置接驳公交枢纽站、私家车和非机动车停车场地等接驳枢纽。上海则选择控制更短出行半径，在其"十四五"综合交通规划中提出中心城轨道交通站点600米半径范围内常住人口覆盖比例不小于55%。与此对应，各级就业中心和公共服务中心布局时也应与公共交通枢纽的布局相匹配。从这个角度，城市级公共中心宜设置于多条大容量公共交通线路交汇处，中心规模宜控制在150～300 hm^2，服务半径宜为5～10 km。片区级公共中心宜设置于2条以上大容量公共交通线路交汇处，中心规模宜控制在50～100 hm^2，服务半径宜为2～3 km。社区中心宜设置于大中运量公共交通站点处，中心规模宜控制在10～30 hm^2，服务半径宜为800 m。[8]

"小街区、密路网"提升慢行交通网络。通过增加干路网间的城市支路，增加城市路网密度，为慢行交通提供专用街道等方式，从而构建慢行交通网络。以荷兰为例，全国拥有超过37 000 km的慢行交通路网，其路网总长度是高速公路总长度的10倍，并且配置了完善的自行车交通基础设施。如今荷兰是公认的自行车王国，平均27%的路程是由骑自行车完成的，有效制约了小汽车等高碳排放交通工具的使用。在街区规划中，鹿特丹的城市规划者提出了"共享街区"（Woonerf）的理念，将街道宽度控制在3 m左右，缩小街区的尺度，在街道上增加公共设施，鼓励人们步行出行，在街道交流玩耍。比如在中央火车站地区，枢纽建筑建设了可以在空中穿梭的屋顶步道，附近的建筑屋顶也连接、加入，以新奇的屋顶步行方式吸引了更多居民选择步行；一系列空中步道又提供了独特的景色，叠加展览活动的组织，吸引人们到访和参观。

5.2.10 法则十：数字驱动，推动智慧孪生的平台建设

减碳智慧系统旨在城市内形成全过程设计、收集、监控与运营的平台，并支撑以上各方向减碳技术的应用和反

馈。通过采用互联网、物联网、云计算、大数据、人工智能等先进技术，组成集合数据层、协调层和反馈层的减碳智慧系统。

搭建高效、精准的数据采集系统。推进城市智慧管理数据库建设，完善统一的空间基础地理数据底图，实现建筑信息模型技术（BIM）向城市信息模型系统（CIM）的集成跨越。CIM基础平台应充分考虑、预留多类需求接口，做好与交通、环境等专项领域已有平台的对接、联动，从而实现信息最大化共享、平台最高效共建联动。构建城市信息系统（CIM），全面集成智慧能源、智慧交通、智慧建筑、智慧市政等系统，收集各大减碳维度的运行数据。

从单一监测到全生命周期的机器学习与模拟优化。基于数据层的监测数据，减碳智慧系统可以对城市规划、建设、运营管理的全生命周期进行模拟，并协调优化不同维度的减碳措施。如建筑维度运用智慧照明、智慧空调和智慧电梯系统，根据外界气候条件变化与亮度条件进行室内温度、湿度和光照自动调节；能源管理维度对管网实行能源调度、分布自治、远程协作和应急指挥；交通维度集成停车诱导、应急指挥、智能站牌、出租车与公交车管理等应用模块，建立智能化城市综合交通综合管理信息系统。

— 杭州市智慧停车数字化平台 —

杭州市通过数字化手段，打通数据、打破壁垒，对全市各类停车资源分布及停车数据动静态信息进行采集；摸清底数之后，再通过精细计算接入全市4 900余个停车场（库）数据，创新便捷泊车应用场景，打造"全市一个停车场"，有效缓解了停车难问题。同时，针对市民停车离场排队付费问题，将停车付费流程进行再造，推出"先离场后付费"服务，大胆尝试将停车付费环节后移，实现停车离场"先抬杆放行、再自动付费"，只需"一次绑定"，即可"全城通停"。

经过近年来的推广，城市"大脑"停车系统推出的便民应用场景"先离场后付费"，已涵盖全市3 500余个停车场（点）、76万个泊位，基本实现对外开放收费停车场（点）全覆盖，让市民充分享受"全市一个停车场"带来的便捷，注册用户达280万，累计提供服务8 000万余次。

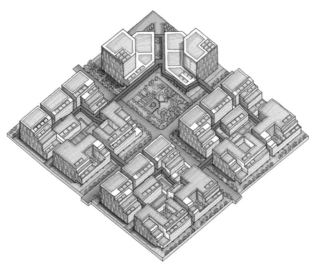

图27 法则五：中密度，引导集约紧凑的低碳形态示意图
资料来源：张庆尧绘

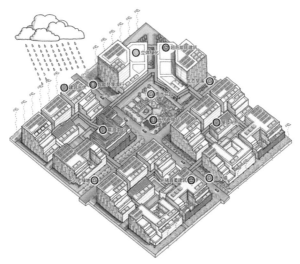

图28 法则六：新基建，预留低碳先锋的设施空间示意图
资料来源：张庆尧绘

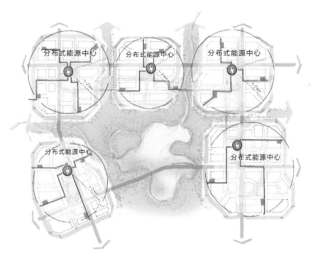

图29　法则七：分布式，构建高效均衡的能源架构示意图
资料来源：温馨绘

图30　法则八：场景化，形成绿色低碳的行为场景示意图
资料来源：张庆尧绘

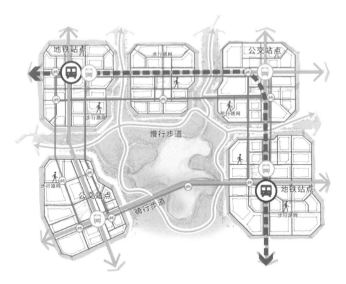

图31 法则九：绿色出行，完善随处可达的交通网络示意图
资料来源：温馨绘

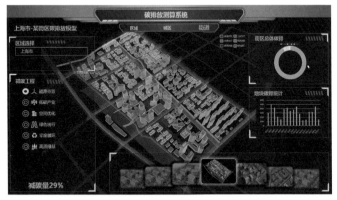

图32 法则十：数字驱动，推动智慧孪生的平台建设
资料来源：《某街区总控管理平台》

5.3 小结：低碳城市的规划方法集成

融合自然逻辑、行为逻辑和技术逻辑构建形成的低碳城市营造的十大法则，可以说涵盖了当前城市规划建设的方方面面。面向构建低碳社会的最终目标，三种逻辑共同指导，可以打造以增加碳汇为重点的城绿共生的融合城市；以低碳交通为重点的绿色出行的紧凑城市；以能源再利用、减少废弃物为重点的循环城市；以清洁循环为重点的零碳产业；以低碳建筑与适宜的微气候为重点的人性化街坊与建筑；以及数字化为重点的智慧管治系统。而在实践运用的过程中，需要充分考虑不同系统之间的协同效能，注重协同避免矛盾，使各类法则形成合力。

本章参考文献

【1】 罗静茹，张德顺，刘鸣，等.城市生态系统服务的量化评估与制图 以德国盖尔森基辛市沙克尔协会地区为例[J].风景园林，2016(05)：41-49.

【2】 张炜.城市绿色基础设施的生态系统服务评估和规划设计应用研究[D].北京林业大学，2017.

【3】 住房和城乡建设部城市交通基础设施监测与治安实验室，中国城市规划设计研究院.2023年度中国主要城市通勤监测报告[R/OL].(2023-8-16).http://transport.chinautc.com/2023%E5%B9%B4%E5%BA%A6%E4%B8%AD%E5%9B%BD%E4%B8%BB%E8%A6%81%E5%9F%8E%E5%B8%82%E9%80%9A%E5%8B%A4%E7%9B%91%E6%B5%8B%E6%8A%A5%E5%91%8A.pdf

【4】 郑德高，董淑敏，林辰辉.大城市"中密度"建设的必要性及管控策略[J].国际城市规划，2021，36(04)：1-9.

【5】 吴浩，林辰辉，陈阳，等.基于全过程管控的城市街区减碳技术框架与实施策略——以上海市数字江海产业园为例[J].城市规划学刊，2022(S2)：59-65.

【6】 北京日报.实践成果亮眼！通过MaaS平台北京已减排39万吨[EQ/OL].2023.https://baijiahao.baidu.com/s?id=1765511122900476344&wfr=spider&for=pc

【7】 王淑佳，唐淑慧，孔伟.国外低碳社区建设经验及对中国的启示——以英国贝丁顿社区为例[J].河北北方学院学报（社会科学版），2014，30(03)：57-63.

【8】 中国工程建设标准化协会.城市新区绿色规划设计标准：T/CECS 1145-2022.[S].2022-08-26.

第 6 章

三级减碳单元构建与技术重点

迈向低碳社会

城市规划减碳"十大法则"可以在不同层次的空间规划中应用。但由于不同空间尺度下的碳排放结构差异较大，城市减碳的技术措施随尺度不同，会出现较大的差异。如在国家和区域层面，重点从供给侧进行减碳，比如推动能源转型、工业减碳等；在城市和街区层面，一般从消费侧进行减碳，营造更加绿色低碳的生活方式。本章节立足前文所述自然逻辑、行为逻辑、技术逻辑三大视角及其引领下的城市规划新方法，结合规划体系内界定的空间层次，构建不同空间尺度的减碳单元，并明确各类减碳单元的关键规划技术与核心指标。

6.1 面向多尺度：溯源"城区—片区—街区"的"碳"不同

当前城市碳排放的核算研究尚未形成系统性成果，不同学者针对不同的空间尺度，往往会根据地区特性和数据获取情况，选择碳排放的多个维度构建碳排放清单。国际上比较成熟的碳排放核算模型有IPCC模型、WRI分析模型、GPC模型、LEAP模型、Kaya模型等。其中，IPCC模型作为由世界气象组织（WMO）和联合国环境规划署

（UNEP）共同建立的政府间气候变化专门委员会发布的温室气体清单，为世界各国建立国家温室气体清单和履约减排行动提供较为权威的方法和规则。基于IPCC排放清单的碳排放计算方法为：碳排放量=活动数据 × 排放因子，其中，活动数据代表人类活动导致的排放或清除的数据；排放因子代表量化每单位活动的气体排放量或清除量的系数。IPCC最新公布的《IPCC 2006年国家温室气体清单指南2019修订版》(简称《IPCC温室气体排放指南》)，将温室气体分为四大类部门：能源、工业过程和产品使用、农业、林业和其他土地利用、废弃物。在这四类部门之下划分出一级或多级子类部门，通过适当方法核算各级子类部门排放并逐级汇总，最终形成温室气体清单。

6.1.1 基于消费端的城市碳排放维度转译

由于《IPCC温室气体排放指南》的分类来源于温室气体的生产部门，无法直接判断城市消费端各维度对碳排放的贡献情况，对提出规划减碳策略缺乏直接的指导意义。应从消费端溯源碳排放，通过将城市中各类能源使用活动与碳排放联系起来，得到城市各领域碳排放的结构和特征，从而为规划减碳策略提供方向。因此，本研究对四大生产部门的子类部门进行分解重组，将各部门碳排放转译至城市消费端，以此评估各类城市活动导致的碳排放量，以及城市活动与碳排放结构的关系。

分解温室气体的生产部门，可以发现，在能源部门，温室气体主要来自燃料燃烧，以及开采和运输过程中的气体逸散。其中，燃料燃烧为城市中日常生活、交通运输、产品制造提供了热量、电力等能源，是能源部门碳排放的主要组成部分；在工业过程和产品使用部门，温室气体主要来自水泥、金属等工业生产中的物理、化学反应；在农业、林业和其他土地利用部门，温室气体主要来自牲畜的肠道和粪便排放、野外的植物燃烧，以及作物和化肥引起的土地中甲烷和氮氧化物排放；在废弃物部门，温室气体主要来自固体废弃物和废水处理过程中产生的甲烷及二氧化碳。

从城市消费端视角重新归纳排放部门的细分内容，可以将碳排放划分为建筑，交通，工业，其他能源活动，农业、林业和其他土地利用及废弃物六个维度。其中，建筑对应能源部门中公共及居住建筑能源使用产生的碳排放；交通对应能源部门中移动端燃料燃烧产生的碳排放；工业对应能源部门中制造业使用燃料燃烧及制造过程中物理、

图33　碳排放端消费端维度转译图

资料来源：作者自绘

化学反应产生的碳排放；其他能源活动对应能源部门中能源生产、运输过程中逸散产生的碳排放；农业林业和其他土地利用对应农业生产中的碳排放量与土地中各类植物碳汇量的差值；废弃物对应固体废弃物及废水处理过程中产生的碳排放。由此，通过生产端向消费端的转译，完成"IPCC温室气体排放清单"与城市规划体系相衔接。

6.1.2　不同空间尺度下碳排放的差异

通过比较不同尺度下城市空间的碳排放结构，识别各个尺度的减碳重点。将空间划分三种尺度，包含城区尺度、片区尺度和街区尺度。城区尺度通常为地级市的分区范围；片区尺度为城市中以自然地物或生态走廊分隔的功能区域，通常覆盖$10 \sim 30 \text{ km}^2$的空间范围；街区尺度是由单个或多个街坊组成的城市空间，通常覆盖$1 \sim 3 \text{ km}^2$的空间范围。

通过比较城区、片区、街区尺度下城市空间的碳排放结构发现，由能源消耗所引起的碳排放占据主体地位，而不同空间尺度下碳排放结构的不同，也会导致减碳策略侧重点的不同。在城区尺度，工业维度和其他用能维度的碳排放量占比超过碳排放总量的75%，因此，能源结构的调整和生产工艺的进步显得尤为重要，在减碳措施中，能源和工业维度的指标控制占据了主要地位。在片区尺度，建筑的碳排放最为突出，其次是工业与交通的碳排放，林业、农业及土地利用维度的碳汇影响相当有限。通过适当的规划干预，能够形成更加低碳的整体空间形态、低碳建筑、绿色交通体系及高效的绿色碳汇空间，从而降低整体碳排放量。

6.2 基于"城区—片区—街区"的减碳单元三级体系构建

面向规划减碳单元构建，为发挥城市规划在城市转型发展中的战略引领和刚性管控作用，需要将前文提出的低碳社会规划新方法与我国规划体系界定的城市（城区）、片区、街区三类空间层次相结合，从而保证城市减碳单元的技术重点能够与规划体系无缝衔接，确保低碳技术和低碳行为的关键性指标可落地、可监测、可管控。

而当前中国处于城镇化发展的后期，城市发展处于存量转型阶段，城市建设活动主要在中观和微观尺度上进行，在城市（城区）—城市片区—城市街区的不同尺度中，

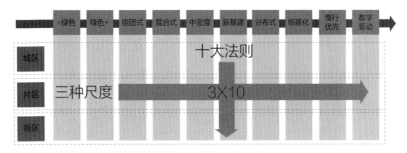

图34 三种规划减碳单元尺度与"十大法则"的技术框架
资料来源：笔者自绘

城市片区的减碳处于承上启下的关键尺度之中。在市域尺度，城市的减碳主要在能源与工业领域；在微观尺度，城市的减碳主要在建筑单体领域；而在中观尺度，城市的减碳可以发挥城市规划的管控与引领作用。规划减碳单元作为拥有相对独立且能够承担城市综合功能的中尺度空间单元，与城市的控规单元结构类似，在空间规划体系中起到了向上承接总体规划，向下传导街坊与建筑的作用。因此，以中观层次减碳单元为核心，以微观层次减碳单元为支撑，可形成城市（城区）—片区—街区三重层次的城市减碳单元体系。

实际上，关于城市的空间层次与规模看似简单，其实也是非常复杂的，并没有统一的标准。一般大城市经常分为三级规划体系，即总体规划—分区规划—街区控规，这样划分可以与城市政府、区政府与街道的行政管理相对应，比如北京控规单元一般对应到街道层级，在街道之下还有社区，另外有些城市比如雄安，主要涉及城市总体规划、5个片区（组团）的分区规划以及街区控规等，在这里5个片区（组团）则变得非常重要。从低碳单元角度看，街道和社区尺度下的减碳技术和要求比较接近，因此本文为了简化论述，把街区/社区减碳作为一个基本单元，以街区作为主要描述对象，规模一般为3 km²左右。目前，中国城市倡导组团式发展，按照住建部《城乡建设领域碳达峰实施方案》，一般组团规模不超过50 km²，有时一个组团也表达为片区。因此，把片区/组团作为一个重要的减碳单元，以片区为主要描述对象，规模一般不超过50 km²。在城市层面，其与以行政单位划分的城区规模差

三级减碳单元分类一览表　　　　　　　　表6-1

层次	尺度	备注说明
城区	规模结合行政区面积确定，无固定的城市规模	对应城市政府或区政府
片区	一般小于50 km²	无对应政府机构，但是经常作为一个整体进行规划开发，如新城、开发区、园区等
街区	一般小于5 km²	主要对应街道办事处，空间范围等同于15分钟生活圈或完整的社区规模

资料来源：作者自绘

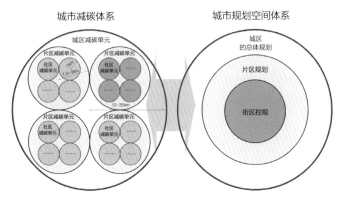

图35　城区减碳单元体系与规划体系对比
资料来源：作者自绘

别很大。但作为一级政府，城市或城区减碳的方法与任务
一般接近，本节同样为了简化表述，把城区作为一个减碳
单元进行论述。

6.2.1 以宏观层次的城区整体减碳为总体目标

宏观层次的城区应发挥整体统筹作用。宏观层次的城
区减碳是一个复杂的系统工程，依赖多维度、多部门的协
调运作，亟需城市规划发挥系统统筹作用。该尺度的城市
减碳关键在于结合能源供应端的总量与结构，因地制宜地
制定适应城市发展阶段的减碳目标。雄安新区规划提出对
白洋淀湖泊湿地进行整体保护与修复，构建林城相融、林
水相依的城市自然生境系统；以轨道交通站点为核心组

织和布局城市，形成 TOD 模式开发的紧凑城市组团；构建城市智慧化管治系统，强化地上、地下空间资源的可视化管理，促进国土空间资源的立体化、综合化利用。成都天府新区规划通过识别适宜开发建设区域、需要生态恢复区域及生态保护区域，构建三级生态廊道体系，建设覆盖全城的公园网络；通过多元集约的用水模式与智慧清洁的能源系统，建设清洁、高效的能源资源系统。

侧重资源综合、统一配置与整体空间结构优化。城区减碳单元宜结合行政区设置，通常以中小城市或大城市的一个区级行政单位为单元，对应中小城市的总体规划或大城市的分区规划。城区减碳单元在资源统一配置方面具有优势，如调节用能结构，构建整体格局，引导产业结构，建设系统集成的减碳智慧系统，尝试低碳治理政策等。以上海市浦东新区为例，通过打造智慧能源"双碳"云平台，监测全区重点企业的碳排放情况，提供综合节能方案，挖掘减碳空间，向下指导片区减碳，形成陆家嘴、张江、临港等片区的能源碳评估。

6.2.2 以中观层次的片区作为城市减碳单元的核心

中观层次的片区是发挥规划空间治理能力的关键尺

度。该层次的城市功能布局与空间形态是城市规划的主要研究对象，也是影响能源、建筑、交通和绿地碳汇等维度碳排放量的主要因素。立足中观层次，在规划建设运营全生命周期的前端制定合理的减碳策略，优化空间布局，降低碳排放量，实现以更低的成本降低碳排放。

该层次聚焦各类重点系统性空间策略，与城市规划相衔接，对应单元规划或片区规划。作为拥有相对独立且能够承担城市综合功能的中尺度空间单元，片区减碳单元运用指标控制和形态控制，管控空间形态、功能布局、道路系统等，实现整体低碳发展。以青岛中德生态园为例，在 $11.58\ km^2$ 范围内，规划从供给多元能源、提升能源效率、利用自然做功、降低用能需求、转换用水模式五个方面实施减碳策略。

6.2.3 以微观层次的街区作为城市减碳单元的重要支撑

微观层次的街区是减碳的重要载体。该层次减碳单元通常以单一街区为边界，覆盖范围为 $3\ km^2$ 左右。街区减碳单元的覆盖范围与分布式能源的最佳使用半径相匹配，同时是构造舒适公共空间环境的理想单元。

该层次聚焦场景设计与技术应用，以外部空间环境设计、建筑形态组合和建筑技术运用作为核心内容。建筑用能是街区尺度下碳排放关注的重点，借助街区规划减碳单元，将管控要素以地块出让条件的方式进行落地，促进低碳建筑技术应用实施，在城市建设领域末端实现单一个体的绿色低碳。以虹桥商务区为例，在3 km²范围内，通过区域供能、绿色建筑、立体绿化等减碳手段，获得全国绿色生态城市三星运行标识。

街区主导功能的差异决定减碳策略各有侧重。街区减碳单元可以分为居住社区（街区功能为居住时表达为社区）、商务街区、工业街区等多种类型。居住社区重点通过建设超低能耗居住建筑、布局便捷可达的服务体系，引导更加绿色低碳的生活方式；商务街区更多通过提升可再生能源利用水平与绿色通勤比例等方式减少街区能耗；工业街区则重点通过提升综合能源利用效率及生产环节的技术进步做到节能减碳。

多层次城市减碳单元的实例一览表　　　　　　表6-2

城区减碳单元	总面积（km²）	片区减碳单元	总面积（km²）	街区减碳单元	单个平均面积（km²）
雄安新区	2 000	雄安新区启动区	38	启动区划分为6个15分钟生活圈	5～6

城区减碳单元	总面积（km²）	片区减碳单元	总面积（km²）	街区减碳单元	单个平均面积（km²）
天津滨海新区	2 270	中新天津生态城	31.23	生态城划分为4个居住社区、1个公共街区	5～6
青岛西海岸新区	2 096	青岛中德生态园	11.58	生态园划分为4个混合社区	2～3
浦东新区	1 210	张江片区	37.31	张江片区划分为3个居住社区、7个产业街区	3～4
—	—	新加坡登加新镇	7	登加新镇划分为5个居住社区、1个创新园区	0.8～1

资料来源：作者自绘

6.3 三级减碳单元技术重点与关键指标

上文提出，由于"城区—片区—街区"三级减碳单元在碳排放结构方面存在一定的差异性，因此，其减碳策略也会呈现出各自的侧重点。基于城市规划减碳视角的"十大法则"，结合城区、片区、街区三类空间在规划上的核心区别，明确三类空间的不同减碳策略与关键指标，进而保证城市减碳单元的技术重点能够与现行规划管控体系无缝衔接，确保低碳社会建设关键性空间指标的可落地、可监测和可管控。

减碳单元"方向—策略—关键指标"一览表　　　表6-3

城市规划方法	减碳策略	关键指标
"+绿色"	增加城市绿量	蓝绿空间比例
		综合绿化覆盖率
	提升绿色空间系统性	绿色空间300 m覆盖率
	提升高碳汇物种数量	乔、灌木覆盖比例
多样化	维护生物多样性	绿色空间指数
		生态网络连接度
组团式	打造紧凑街区	路网密度
	打造社区生活圈	卫生、养老、教育、文化、体育等社区公共服务设施15分钟步行可达覆盖率
混合式	优化空间布局	用地混合度
	优化空间布局	职住平衡指数
	推进TOD模式的城市开发	公共交通站点500 m覆盖率
		公共交通站点周边500 m容积率
中密度	提升公共空间舒适性	开敞空间率
		开敞空间遮阴率
新基建	推进分布式光伏应用	建筑屋顶安装光伏发电的面积比例
		建筑光伏一体化项目比例
新基建	加强资源循环	利废建材的替代使用率
		生活垃圾资源化利用率
		再生资源回收服务点覆盖密度
		新建地区雨水调蓄能力
分布式	推动风、光、水、地热等本地可再生能源利用	本地可再生能源利用比例
	鼓励分布式能源站建设	分布式供能中心覆盖面积比例
场景化	提升建筑节能水平	建筑节能率
		绿色建筑面积占比
		超低能耗建筑面积占比

续表

城市规划方法	减碳策略	关键指标
慢行优先	提升绿色出行比例	步行道密度、自行车道密度
		公共交通出行分担率
数字驱动	推广建筑用能分项计量	建筑用能分项计量安装率
	打造 CIM 系统管控平台	—

资料来源：作者自绘

6.3.1 城区减碳单元技术重点与关键指标

城区减碳单元提出全局性管控策略。从《伦敦环境战略》(*London Environment Strategy*) 提出建设高质绿基、打造零废城市，《新加坡绿色计划2030》提出能源重置、韧性未来等发展策略，可以看出，全局性的低碳规划正引领全球城市展开新一轮竞争。但是，现阶段中国尚未形成总体层面的低碳专项规划，部分城市发布了单位GDP能耗、本地可再生能源利用比例等零星指标，仍缺乏系统性、整体性与统筹性的减碳发展目标。城区减碳单元应与城市总体规划及其相关专项规划相衔接，锚固城市总体碳排放目标，重点结合"+绿色、多样化、混合式、组团式"等城市规划方法，提出关键性控制指标。

（1）更多的蓝绿空间

科学管控城区蓝绿空间比例。值得注意的是，蓝绿空间比例的设置应以城市所在地水资源条件为前提，不能盲目求大。在雄安新区启动区规划中，蓝绿空间比例稳定在70%，做到了以水定城；相比之下，地处干旱地区的兰州西咸新区的蓝绿空间比例相应减少，提出不低于30%的控制要求；荷兰《国家基础设施与空间规划战略》(*National Policy Strategy on Infrastructsure and Spatital Planning*)提出给水更多的空间，增加蓝绿空间，因为更多的蓝绿空间意味着更高的碳汇水平、更强的城市韧性，可以更好地适应全球气候变化的不确定性。蓝绿空间不仅体现在宏观目标上，而且体现在具体的河流改造上。新加坡碧山宏茂桥公园就将混凝土排水系统，改造为断面更宽、河流更曲、植被更自然的形式实现针对水的"ABC计划"。A（Active）表示活力，提供富有活力的社区空间；B（Beautiful）表示美观，提供美丽怡人的社区空间；C（Clean）表示清洁，提供干净整洁的社区空间。

（2）提高可再生能源比例

依托自身资源禀赋，提升本地可再生能源比例。新加坡的能源重置方案重点使用太阳能光伏，提出到2030年太阳能装机容量达到2 000 MW，比现状翻五番；哥本哈根的气候规划重点发展风能和生物质能，提出在2025

年前安装100台风力发电机，实现区域100%零碳。考虑到现阶段可再生能源的不稳定性，在探索智能调节与储能设施的同时，还应构建多种能源相互补充、弹性灵活的供应系统。

（3）规划多中心城市

推广多中心均衡布局。职住平衡指数，即在片区（组团）范围内就业岗位数量与周边居民中就业人口数量的比值，是衡量碳排放的重要指标。大量数据分析论证表明，当职住平衡指数大于80%时，通勤距离将会出现在合理的里程区间。因此，通过控制职住平衡指数、用地混合度等关键指标，可提高城市运行效率，减少市民通勤距离，实现交通碳排放下降。

控制公共交通站点500 m覆盖率达100%。目前，发达地区城市公交站点覆盖率已达到较高水平。上海城市建成区公交站点500 m覆盖率已达到84%；杭州主城区500 m覆盖率已达到100%；南京中心城区公共交通站点500 m覆盖率将达95%。通过提高站点周边土地的开发强度，推广TOD导向的城市开发模式，进一步提升城市公共交通系统的运行效率。此外，轨道交通站点的覆盖率在特大城市的发展中越来越重要。新加坡提出10分钟轨道站点覆盖率达到90%；上海提出2040年该指标将达60%；深圳则提出2035年该指标将达70%。

6.3.2 片区减碳单元技术重点与关键指标

片区减碳单元提出协同性、系统性的管控策略。在这一层次，国内的绿色生态城区等相关规划数量较多，指标体系涵盖丰富。如青岛中德生态园建立包括泛能能源、资源保护、生态建设等37项内容的绿色规划体系，提出包含绿地覆盖率等在内的40项控制指标；中新天津生态城提出绿色建筑比例、空气质量等26项指标。基于生态城区的总体规划系统性地构建了低碳生态指标，但减碳策略的落实仍缺乏直接有效的抓手。片区减碳单元应与单元规划或片区规划相衔接，重点结合"+绿色、组团式、分布式、中密度、新基建、慢行优先"等城市规划方法，针对绿地系统、资源循环、空间形态等关键方面进行指标控制。

（1）提高绿地覆盖率

优化绿地布局，提升绿色空间300 m覆盖率。世界卫生组织在《城市绿地行动纲要》中提出，城市居民应该能够在离家300 m的直线距离范围内使用至少0.5～1 hm²

的公共绿地。通州区公园绿地500 m服务半径覆盖率达到95%以上；中新天津生态城规划建设邻里中心公园13处、街头绿地65处，做到步行300 m可达街头绿地，步行500 m可达邻里公园。遍及的绿地空间以绿道串联，形成覆盖全区的绿地网络系统，既提供了足量的绿地碳汇，又减少了通勤带来的交通碳排放。

（2）减少垃圾填埋比例

减少垃圾卫生填埋比例，构建可回用的水循环系统。碳排放受垃圾处理方式的影响较大，卫生填埋碳排放强度是垃圾焚烧碳排放强度的10倍，是生物堆肥碳排放强度的20倍左右。因此，从减少碳排放角度，在减少垃圾总量的同时，还应减少垃圾卫生填埋，通过垃圾焚烧和提高生物堆肥比例，增加电能等能源供应。在固体废弃物中同样不能忽视建筑垃圾的回收，现阶段我国建筑垃圾约占城市固体废物总量的40%，而回收利用率仅为10%左右，远低于新加坡99%的建筑拆除废弃物利用率。此外，还要尽可能通过下凹式绿地、雨水花园等低影响开发措施，以及生态调蓄池等方式，提升片区雨水调蓄能力，减少供水及污水处理环节产生的碳排放。

（3）推广被动式空间设计

推广被动式设计，提高路网密度。片区减碳单元应根据所在地的气候条件，综合平衡自然通风与采光、遮阳、防寒等要求，形成布局合理的通风廊道、遮阳走廊等舒适且低碳的开放空间。"窄路、密网"是新的城市空间需求，片区减碳单元的路网密度宜在 $8\sim10$ km/km^2，中心区应进一步提高。目前，上海陆家嘴中心区路网密度为 10.6 km/km^2，而纽约、巴塞罗那中心区的路网密度为 12 km/km^2 左右，由此可见路网密度仍有一定的提升空间。同时，道路断面不宜过宽，路权分配中要更多考虑自行车道和人行道等慢行空间。

6.3.3 街区减碳单元重点技术与关键指标

未来街区减碳单元应更加聚焦碳排放量化核算，以实际减碳效果作为衡量标准，注重不同技术之间的集成与协同。与控规单元或15分钟生活圈范围相对应，重点结合"新基建、场景化、数字驱动"等城市规划方法，分解可再生能源、分布式能源站、街坊环境、智慧系统等关键指标，引导街坊与建筑建设。

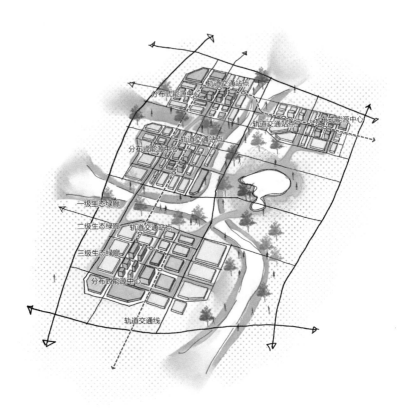

图36　片区减碳单元空间模式图

资料来源：高靖博绘

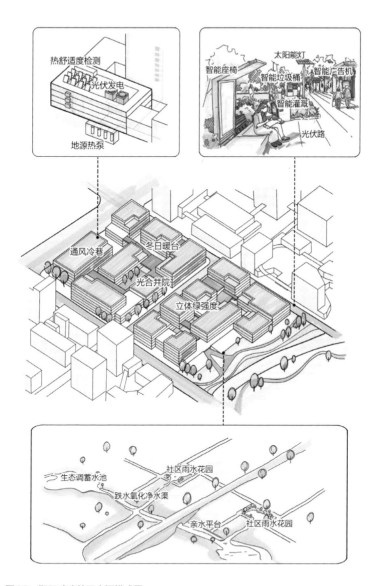

图37 街区减碳单元空间模式图

资料来源：高靖博绘

（1）更多可落地的新能源载体

应用成熟、可操作的能源技术。以太阳能光伏、太阳能光热、浅层地热能等技术作为社区层面可再生能源的理想载体。瑞典哈马碧湖城通过生物质能和太阳能光伏实现了50.5%的可再生能源供给；德国弗莱堡沃邦社区通过屋顶、垂直光伏等方式，将太阳能发电占比提升至17%；中国嘉兴光伏小镇也在积极探索社区层面的光伏发电，现已达到35%的太阳能发电占比。未来，光伏与建筑、绿化的一体化设计，将成为社区减碳单元的发展方向，在进一步提升光伏装机量的同时，保障社区风貌的和谐与美观。

（2）广泛布局分布式能源

布局分布式能源，集中供能。运用燃气三联供、水源热泵、空气源热泵等技术，针对社区用能的峰谷波动特点，保证供能对象一定的面积规模，并做到功能混合。上海虹桥商务区核心区采用冷热电三联供系统，现阶段已运行2座能源站，相比于传统供能方式，其年二氧化碳排放量减少36%。除此之外，社区减碳单元还应探索安全、适宜的储能设施。如上海西岸传媒港采取水蓄能的冷热电三联供系统，依托夜间供电，实现夏季蓄冷、冬季蓄热，降低整体运行能耗和成本。

（3）提升开敞空间舒适程度

打造低碳、舒适的街坊空间环境。通过提升社区开敞空间率和开敞空间舒适程度，引导低碳生活方式。新加坡为了提升户外步行舒适度，打造覆盖率100%的有盖连廊系统；重庆市要求慢行道路遮阴率不低于80%，缓解夏季炎热；而在北方地区，防风设施、户外取暖设施的布局成为开敞空间设计的重点。

（4）推广建筑用能监测装置

智慧化提升社区建筑用能分项计量。社区层面作为整个城市CIM智慧平台的前端，重点在于提升建筑用能分项计量的安装率。现阶段，上海2万m^2以上公共建筑均要求安装分项计量装置，目前已有2017栋公共建筑完成安装并实现与能耗监测平台的数据联网。新加坡登加新镇的规划开发"My Tengha"APP，对社区内所有建筑能耗进行监测。现阶段，我国的建筑用能监测还集中在公共建筑的电力领域，未来智慧数据收集将向监测对象与数据类型的全收集推进。

"多层次减碳单元——关键指标"相关性矩阵一览表　　表6-4

城市规划方法	关键指标	城区减碳单元	片区减碳单元	社区减碳单元
"+绿色"	蓝绿空间比例	√	▲	○
	综合绿化覆盖率	○	▲	√
	绿色空间300m覆盖率	▲	√	▲
	乔、灌木覆盖比例	▲	▲	√
多样化	绿色空间指数	√	▲	○
	生态网络连接度	√	√	○
组团式	卫生、养老、教育、文化、体育等社区公共服务设施15分钟步行可达覆盖率	√	√	▲
	路网密度	√	√	▲
混合式	用地混合度	▲	√	√
	职住平衡指数	√	○	○
	公共交通站点500m覆盖率	√	▲	○
	公共交通站点周边500m容积率	√	▲	▲
中密度	开敞空间率	▲	√	√
	开敞空间遮阴率	○	▲	√
新基建	建筑屋顶总面积安装光伏发电的面积比例	▲	▲	√
	建筑光伏一体化项目比例	▲	▲	√
	利废建材的替代使用率	√	√	√
	生活垃圾资源化利用率	√	√	√
	再生资源回收服务点覆盖密度	▲	√	√
	新建地区雨水调蓄能力	▲	√	√
分布式	本地可再生能源利用比例	▲	√	√
	分布式供能中心覆盖面积比例	○	▲	√

城市规划方法	关键指标	城区减碳单元	片区减碳单元	社区减碳单元
分布式	可再生能源消费比重	√	▲	○
场景化	建筑节能率	▲	▲	√
	绿色建筑面积占比	▲	√	√
	超低能耗建筑面积占比	▲	√	√
慢行优先	步行道密度、自行车道密度	√	√	▲
	公共交通出行分担率	√	▲	○
数字驱动	建筑用能分项计量安装率	▲	▲	√

注：* √代表强相关指标，▲代表中等相关指标，○代表弱相关指标。
资料来源：作者自绘

第 7 章

三级减碳单元的减碳集成实践

迈向低碳社会

三级减碳单元的尺度不同，减碳重点和关键技术也各不相同。目前，我国各地已有多个地区在不同层次开展了减碳规划的探索和实践。在城区层次，雄安新区起步区和天府新区率先建立低碳规划技术集成目标。雄安新区起步区实践城绿融合、TOD城市、空间形态、交通系统和智慧管治五大集成方向；天府新区则以城绿融合、公园城市、资源循环为特色。在片区层次，中新天津生态城和青岛中德生态园开展较多规划减碳技术的实践。中新生态城集中探索城绿融合、资源循环、智慧管理三个方向；中德生态园重点实践绿色能源、绿色空间和空间形态等方向的减碳。在街区层面，上海虹桥商务区、数字江海产业街区、上海之鱼居住社区则场景化方式，探索多项减碳规划技术。

7.1 城区减碳单元低碳技术集成实践

7.1.1 雄安新区起步区低碳规划技术集成实践

雄安新区地处北京、天津、保定腹地，距北京、天津均为105 km。雄安新区作为北京非首都功能疏解集中承载地，目标建设成为绿色生态宜居新城区、创新驱动发展引领区、协调发展示范区、开放发展先行区。起步区是雄安新区率先建设重点区域，规划范围100 km²，是典型的城区尺度。雄安新区起步区从城绿融合、TOD城市、空间形态、交通系统和智慧管治五大集成方向，进行城区尺度的规划减碳集成实践。

（1）连续、完整的生态系统

雄安新区起步区（简称"起步区"）关注城市的自然生境塑造，希望形成连续、完整的城市生态系统，将淀、水、林、田、草作为一个"生命共同体"进行统一保护、统一修复。通过植树造林、退耕还淀、水系疏浚等生态修复治理，强化对白洋淀湖泊湿地、林地及其他生态空间的保护，确保新区生态系统完整，保证蓝绿空间占比达70%左右。基于区域水资源条件，雄安新区起步区统筹生态功能修复和城市景观建设，整合各类生态资源要素，形成以生态绿环、绿心、绿廊、绿网为支撑，林城相融、林水相依的"一淀、三带、九片、多廊"城市自然生境系统。此外，起步区强调城市对自然生境的低扰动。城市布局与建设充分结合北高、南低的现有地形，以"用高地、优平地、留洼地"的场地利用方式，随形就势、精巧布局，形成"北城、中苑、南淀"的城市空间格局。

（2）轨道上的紧凑城市

起步区以轨道交通站点为核心组织和布局城市，形成紧凑的城市组团。北部区域充分利用地势较高的特点，集中布局5个尺度适宜、功能混合、职住均衡的紧凑组团。各组团功能相对完整，空间疏密有度，组团之间由绿廊、水系和湿地隔离。各组团以城市快速公共交通廊道串联，有效连接城市功能节点，形成带状组团布局。东西轴线利用交通廊道串联城市组团，集聚创新要素、事业单位、总部企业、金融机构等。起步区遵循"小街区、密路网"的紧凑空间模式，路网密度达到$10 \sim 15$ km/km^2。

（3）匹配风环境的廊道空间

雄安新区起步区规划充分考虑当地的风环境条件，结合风环境参数影响分析，对布局进行优化。综合考虑季节风、水陆风和林源风的影响，结合起步区主导风向，构建$300 \sim 800$ m风廊，将带状城市划分为5个城市组团。考虑冬季北风与夏季南风对城市布局的影响，以白洋淀作为区域冷源，在夏季风向作用下加快城市组团的通风散热。在城淀之间布局冷源节点，通过季节性水体实现对风环境的调节，改善城市微气候，降低城市总体能耗。

（4）人性化慢行空间

起步区提供完善的慢行系统和舒适的慢行空间，引导人们优先使用慢行交通。建设灵活、多样的步行和自行车专用路系统，在市政道路红线内保留连续的步行和自行车通行空间。营造舒适、宜人的步行和自行车环境，全面实施步行系统的无障碍设计。同时，保障"公交+自行车+步行"的绿色出行模式，加强步行、自行车与其他交通方式的衔接，实现多种慢行方式的畅通。

（5）城市智能化管治

雄安新区规划系统依托GIS平台构建云计算平台，纳入三维数据、物联网数据、影像数据等多维数据，以实体空间为载体，纳入地质、自然地理、市政管线、建筑模型等城市建设信息，完成地上、地下全息数字模型，统筹立体时空数据资产。转变城市开发与管理的传统思维，创新地下空间的共构模式，强化地上、地下空间资源的可视化管理，促进国土空间资源的立体化、综合化利用。

7.1.2 天府新区低碳规划技术集成实践

天府新区是中国第十一个国家级新区，其直管区面积为564 km²，属于城区尺度。天府新区努力建设"全面践行新发展理念"的公园城市，主要在城绿融合、公园建设和资源循环方面进行低碳技术的探索和实践。

（1）绿色安全魅力的生态空间

1）三级生态廊道体系

天府新区直管区的三级生态廊道体系是其生态空间的核心骨架。天府新区在规划之初就开展生态敏感性分析，识别适宜开发建设、生态恢复及生态保护的区域，明确具有区域空间连接作用的生态系统结构，对关键的生态空间进行严格保护。依据全年主导风向确定主要生态廊道走向，依托鹿溪河水系、绿地等自然要素形成空间体系，以生态廊道为骨架联系或分隔组团，形成由二级生态廊道、三级生态廊道和社区绿道构成的生态廊道网络体系。整体水面率达到13.5%，在建设过程中同步优化水系走向，有效改善河流的生态功能。

2）韧性、安全的雨洪管理

天府新区直管区以海绵调蓄设施体系保障地区的水安全。通过构建以植草沟、生态缓冲带、生态湿地等海绵设施构成的海绵系统，实现滞、净、用、蓄四大海绵功能。采用多级堰坝调控水位的技术，通过闸口开关控制上游来水量。同时，通过多级堰坝调控水位的技术存储河道内的水资源，降低河水流速，改善水质。在鹿溪河主河道两侧打造侧向离槽式湿地，创造多样化的河岸漫滩湿地，共同构建"河流湿地复合体"，完善雨洪协同系统。离槽式湿地可在雨水期蓄滞雨水，减轻防洪压力；在平常期将蓄滞的雨水回馈河道径流。设置台地式驳岸、下凹绿地、可透水铺装及雨水花园，塑造弹性空间系统。该系统平常时期可供居民活动、聚会休闲使用；暴雨期间，可迅速转化为雨洪调蓄空间，承担街区雨水调蓄及下渗任务。

3）水活岸绿的环境塑造

通过滨水驳岸形式多样性和滨水空间植物多样性的营造，实现水环境提升、水岸生态化等设计目标。空间布局上，根据腹地功能、资源特色和空间条件确定滨江岸线的断面，形成亲水梯级驳岸、生态缓坡驳岸和自然湿地驳岸三种类型。具体而言，亲水梯级驳岸设计为垂直或梯级的硬质驳岸，具有良好亲水性；适用于腹地空间较小的河段，位于鹿溪河向兴隆湖汇流的区域。生态缓坡驳岸可为两栖动物提供栖息地，为居民提供休闲、游憩和观景的空间；适用于坡度较为缓和、腹地空间较大、与居住、商业空间联系紧密的河段，是鹿溪河北部多采用的驳岸方式。自然湿地驳岸保持原有近岸湿地状态，或采用生态手段模拟近岸湿地，配合植物的种植可稳定河岸；适用于坡度较为缓和、腹地空间较大的河段，是鹿溪河南侧多采用的驳岸方式。

（2）公园城市的建设模式

公园根据类型、尺度和可达性可分为城市公园、社区公园和口袋公园三类，构建三级绿色公园体系。针对不同类型的公园提出设计引导，提升绿色公共开放空间品质。城市公园一般规模在 10 hm² 以上，步行 1 000～3 000 m 可达，通常内容丰富，适合开展各类户外活动，具有完善的游憩和配套管理服务设施；社区公园一般规模为 5～8 hm²，步行 300～500 m 可达，通常结合社区中心绿地设置，能够提供基本的游憩和服务设施；口袋公园一般规模为 0.4～2 hm²，步行 100～300 m 可达，通常利用街头绿地、带状绿地或地块内部附属绿地，打造一些规模较小或形状多样、方便居民就近进入、具有一定游憩功能的公园。

（3）清洁、高效的能源资源

1）多元集约的用水模式

为了促进水资源的集约利用，天府新区采用水资源循环利用模式。一方面，多途径收集利用雨水。在有条件的小区通过分布式蓄水池收集雨水，输往再生水厂，补给市政用水，或在地化补充小区内生活用水；溢流雨水经处理汇入河道，补充环境用水。另一方面，将再生水作为非传统水源的重要补充。城市杂用水中的道路清扫、城市绿化用水，通过城市再生水管网供水。采用分质、分压供水策略，通过两路管网将城市杂用水与环境用水分开，降低水处理成本。

2）智慧清洁的能源系统

天府新区直管区能耗以办公建筑能耗为主，提升方向为提高可再生能源利用比例和加强消费端节能。依托丰富的区域水电资源，天府新区使用的电能中可再生能源占比高达87%。利用厨余垃圾、园林废弃物等制取天然气，作为地区补充气源，实现燃料中可再生（非化石）能源占比超过5%。远期所有能源利用中的可再生能源占比将超过60%。此外，天府新区直管区重点推广终端节能降耗措施，依靠消费终端实现节能减排。

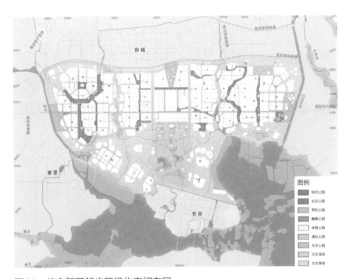

图38 雄安新区起步区绿化空间布局
资料来源：中国雄安官网，《河北雄安新区起步区控制性规划》

图39 雄安新区起步区城镇空间布局
资料来源：中国雄安官网，《河北雄安新区起步区控制性规划》

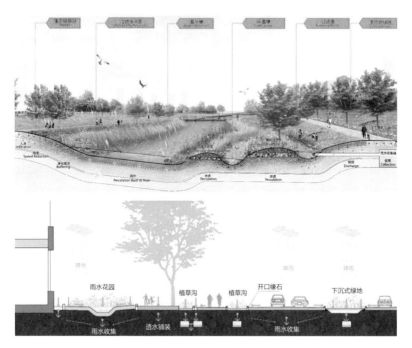

图40 鹿溪智谷核心区海绵河道及海绵道路示意图
资料来源：上海同济城市规划设计研究院有限公司《天府新区鹿溪智谷核心区城市设计》

7.2 片区减碳单元低碳技术集成实践

7.2.1 中新天津生态城低碳规划技术集成实践

中新天津生态城于2007年成立，位于天津市滨海新区，距离市中心40 km，面积31.23 km²，属于典型的城市片区。中新生态城由中国和新加坡联合建设，以"实现环境友好和可持续发展"为理念，是我国第一批绿色生态示范城区。中新生态城在规划和建设中持续应用低碳技术，形成包含4个维度、22项控制性指标、4项引导性指标组成的减碳技术体系。城绿空间融合、能源资源循环、智慧城市管理三个维度是其中的核心亮点。

（1）水清景绿的生态空间

中新生态城以建立完整联系的生态空间作为首要目标，基于水污染治理与盐碱地治理，将水环境治理和水景观营造相结合，构建"湖水—河流—湿地—绿地"的复合生态系统。以"一岛、三水、六廊"的绿色生态开放空间为核心，形成自然生态与人工生态有机结合的生态格局。在故道河和清净湖围合的区域建设生态城的开敞绿色核心——生态岛，整治原先3 km²的工业污水库，成为今天的静湖。以静湖、蓟运河和故道河三大水系为骨干，建设惠风溪、甘露溪、吟风林、琥珀溪、白鹭洲及鹦鹉洲6条以人工水体和绿化为主的生态廊道，形成内部相连、外部相通的生态网络。

生态城依托湿地、水库、河道、溪流多级水网，形成咸淡水交错的复合式水生态系统，保证自然湿地净损失率为零；推进盐碱地修复与生物栖息地保护，修复盐碱地，恢复鹦鹉洲、白鹭洲两处鸟类栖息地及永定洲生境演替区；将低影响开发和雨水资源利用贯穿到开发建设全过程，采用关键技术，构建道路绿化带、慢行系统透水铺装、绿地、凹地、季节性雨水湿地、半咸水河湖湿地6类设施；建成68个精品项目、22.8 km²精品试点区，形成具有地方特色的海绵城市建设模式。

（2）资源能源循环

中新生态城积极推广新能源技术，加强能源梯级利用，提高能源利用效率。生态城大力发展循环经济，推行清洁生产和节能减排，构建安全、高效、可持续的能源供应体系。持续开发应用可再生能源，实现多类型可再生能源统筹联动，确保可再生能源利用率达到20%。生态城可再生能源应用专项规划计划太阳能光电装机容量为45.44 MW；充分利用各类地热资源，大力推广地源热泵技术，采用土壤源热泵、深层地热热泵、污水源热泵、淡化海水源热泵等热泵技术；探索与组团式布局相适应的分布式能源体系，作为中新天津生态城建设的起步项目，建筑面积总计30万 m²的国家动漫产业园采用了这一体系；在能源站集成冷热电三联供技术、土壤源地源热泵技术、水蓄能技术及光伏建筑一体化技术（BIPV）等多项能源技术。

生态城依托垃圾真空输送管道搭建高效的垃圾收集处理系统。从垃圾收集、运输、处置环节入手，采用先进科学技术，建立全过程管理模式，有效提升垃圾治理的综合效能；通过地下管道的有机连接，将楼宇内的垃圾竖管连接到一个远离居民的中央垃圾收集站；所有位于收集范围内的垃圾由每个楼层的垃圾投放口进入气力输送系统，通过一系列埋地管道到达垃圾收集站，经过垃圾分离器及压缩机处理，最后被压缩安放进密封的垃圾集装箱，运至填埋场或垃圾焚烧场进行最终处置。

中新天津生态还建立了雨水收集、中水回收和海水淡化水体循环系统，使非传统水资源利用率达到50%以上。结合以往城市建设经验，严控市政供水管网漏损率不大于5%，建筑供水管网漏损率不大于3%。以再生水和雨水为主要灌溉水源，以耐旱植物为绿化植物，以喷灌、滴灌等为绿化节水措施，降低绿化用水量。本着"优水优用、低水低用"的原则，合理实施分质供水，满足需水侧对水质的不同要求。

（3）智慧能源综合管控

中新生态城重点关注电的调节，并于2011年建成微网系统，涉及发电、输电、变电、配电、用电、调度六大环节。该智能微电网实现了分布式光伏渗透率高于15%、光伏就地消纳率100%、供电可靠性达到99.999%。在园区内，国家电网天津电力公司还开展了光伏、风电、分布式储能、兆瓦级微电网、电动汽车、冷热电三联供、柔性负荷等多级能源的综合协调控制研究。投入使用后，将实现能源的集中合理配置与消纳，能源效率的大幅提升，电网经济的高效运行。用电侧进一步建成智慧家庭与自动需求响应，同时，引入大数据分析、移动互联网等技术，建成综合能源信息服务平台。

7.2.2 中德生态园低碳规划技术集成实践

青岛中德生态园位于2014年批复的全国第九个国家级新区——青岛市西海岸新区内，总面积29.1 km^2，是典型的城市片区。作为中德两国政府共同打造的具有可持续发展示范意义的生态园区，中德生态园以"绿色创新的世界典范"为总体定位，全面建立生态指标体系，集成应用了16项绿色规划技术，并提出"2035年碳减排20%，人均碳排2.5吨/年"的总体减碳目标。中德生态园重点实践绿色能源、绿色空间和空间形态等方向。

（1）高效、多元的能源供给

中德生态园以大唐黄岛热电厂作为主要热源，以地源热泵、空气源热泵、污水源热泵及燃气锅炉作为补充热源；同时，由水热同送工程和楼宇吸收式换热器建设工程，共同承担园区内的主要供热负荷。南部低密度组团采用地源热泵技术供热，满足生活热水负荷。其中，水热同送工程共有三级供热系统，一级结构将热量从供热热源长距离输送到中德生态园集中换热站；二级结构将热量从集中换热站输送至各楼宇吸收式换热器；三级结构将热量从楼宇吸收式换热器输送至各用户。

中德生态园在主要建筑楼顶布置光伏板，利用太阳能发电；在建筑内部设置末端蓄电池，通过调节需求侧电力的峰谷差，平滑负荷曲线，减少峰谷差，有效减少配电网功率，保证电网用电功率的恒定。波峰时，光伏放电，波谷时，光伏充电，降低用电成本，实现电力负荷的"移峰填谷"。除此之外，基于区域资源优势，优化能源供给侧类型，利用太阳能光伏、绿地风电、风光互补路灯、抓马山电场、生物质热电联产及外来电源，使清洁能源占能源供给总量比例大于95%。

（2）韧性、连通的生态系统

中德生态园从整体生态格局角度构建区域城绿关系，保留园区原始地貌特征，实施组团化布局。利用组团间的生态廊道（30～60 m宽）和社区绿道（15～30 m宽）构成蓝绿空间体系的骨架，多类型、多等级公园构成重要的生态景观节点，使得蓝绿空间占比达到31%。

生态园以"慢排缓释"和"源头分散式"控制作为海绵系统的核心理念，优先利用生态调蓄池、滨水缓冲带、下凹式绿地、植草沟、透水铺装、绿色屋顶、雨水罐等绿色措施，对雨水径流进行促渗减排，通过"渗、滞、蓄、净、用、排"等多种技术，缓解城市内涝，削减径流污染负荷。基于基地的汇水分区，设置多级海绵设施对地表雨水进行排放和吸收；下凹式绿地、雨水花园及生态湿地可在暴雨期就近收集雨水，减少周边场地洪泛风险。对于规划范围内的主要河道水系，保障足够的洪泛区域，提升河道行洪能力。

（3）乐活、宜人的空间形态

中德生态园以低碳视角，从人的需求出发，针对土地利用、开放空间、建筑布局等方面对城市空间进行优化。强调街区的环境品质，居住区步行5分钟100%可达公园绿地。同时，在全域推广绿强度指标，将地面绿化、屋顶绿化、墙体垂直绿化、草坪砖停车绿化、悬空建筑下的绿化、绿地包围的水体等绿化形式，按比例折算绿地面积，强调多种绿化的碳汇能力。生态园塑造人性化的建筑与街坊，控制功能混合街坊比例达到41%、道路密度达到14.7 km/km²。此外，生态城构建了与本地气候适应的空间形态。基于夏季、冬季主导风向和风频，结合周边生态冷源的分布情况，预留宽度大于80 m的城市通风廊道，并优化用地布局；结合风环境模拟研究，采用围合式的建筑布局模式，实现夏季通风降温、冬季防风保温，使区域热岛效应强度不高于2.5℃。

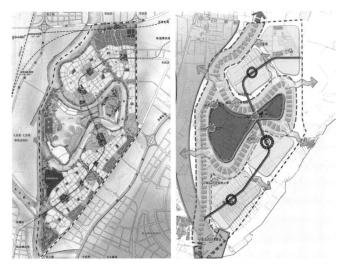

图41 中新天津
生态城空间规划
示意图

资料来源：中国
城市规划设计研
究院《中新天津
生态城总体规划
（2008—2020年）》

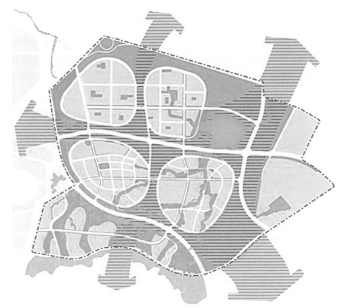

图42 中德生态
园规划生态廊网
体系图

资料来源：上海
同济城市规划设
计研究院有限公
司，《青岛中德生
态园（中德未来
城）规划设计》

7.3 街区尺度低碳技术集成实践

7.3.1 虹桥核心区商务街区低碳规划技术集成实践

虹桥商务区核心区面积约3.7 km²，是上海首个三星级绿色生态运行城区，核心区建筑面积585万m²。虹桥商务区核心区按照建设低碳实践区的要求，重点围绕区域集中供能、绿色建筑、低碳交通、立体绿化等多维度开展低碳规划技术探索，在商务区的规划设计、建设施工和后续运行管理的建设全寿命周期内践行绿色生态理念，实现区域可持续发展。

（1）分布能源场景

区域集中供能项目是虹桥商务区建设低碳实践区的核心和基础。该项目从供应端对能源系统进行优化，有利于减少能源消耗和二氧化碳排放，提高了能源的综合利用效率。核心区一期及南、北片区集中供能规划范围总计约3.7 km²，规划建设3主2辅共计5个能源站，最终形成"5站2网"格局，满足区域内352栋、约550万m²全部公共建筑的冷热空调和热水的用能需求。2号、3号、4号3个能源站及供能管网形成北区供能"3站1网"，南区的1号、

5号两个能源站及供能管网形成南区供能"2站1网"。

虹桥商务区以分布式天然气供能系统为主导，遵循"以热定电、热电平衡、余电上网、梯级利用"的原则，通过有效整合设计、技术和设备，采用集中供冷、供热、供电三联供方式。项目建成后，商务区年均能源综合利用率超过80%。相比于传统供能方式，二氧化碳排放量减少36%，每年为商务区节省标准煤近3万吨，减排二氧化碳超过8万吨、氮氧化物超过200吨。

（2）绿色建筑场景

虹桥商务区通过绿色建筑规划、设计管理、施工管理、绿色建筑验收、绿色运行等全过程管控，确保绿色建筑实施落地。在规划设计上，区域内项目全部达到绿色建筑二星级及以上设计要求。其中，绿色建筑三星级标识项目面积占比达到58.1%，远远超过"全部按照国家绿色建筑星级要求进行设计"的规划目标。在绿色建筑规划管理方面，2012年发布的《上海市虹桥商务区核心区南北片区控制性详细规划》，明确了虹桥商务区南、北片区的低碳设计要求。在设计审查上，自2011年起，虹桥商务区管委会委托专业机构，对核心区所有绿色建筑项目的设计文件进行绿色建筑专项审查，对项目总体设计文件和施工图设计文件进行审查。管委会开发建设处负责各项目绿色建筑的实施管理及协调工作，对符合要求的项目发放施工许可证，并对绿色建筑设计评价标识申报工作给予支持。在绿色施工过程管理方面，要求建设单位充分利用设计、施工和监理等单位的工作，努力创新绿色施工技术，使绿色施工的观念融入整个施工过程，促使建筑施工单位加强对绿色施工技术的应用，提高施工质量；在绿色建筑运行管理方面，虹桥商务区管委会对已投运项目的绿色建筑运行提出了较高要求，从装修标准、绿色建筑设计技术点落地的保障措施、建筑能耗分项监测平台的建设与运行管理、屋顶绿化的维护等各方面进行管控，并辅以专项发展资金支持，提高各项目建设单位对绿色运行的参与度，不断优化绿色运营过程，实现绿色建筑真正的绿色运行。

（3）慢行友好场景

虹桥商务区根据功能布局和空间尺度，建立了发达完善的慢行交通系统，实现人行交通安全舒适、公共客运交通高效便捷、地面车行交通通畅有序。虹桥商务区的立体复式慢行交通系统以"可达性、舒适性、换乘便利性"为原则，由"天桥地道、地下大通道、二层步廊"三层次交通共同组成。天桥和地道让核心区一期实现立体交通覆盖率达100%，所有空间均可通过天桥或地道实现互通。其中，地下大通道连接"四叶草"国家会展中心（上海）虹馆与虹桥综合交通枢纽，全线长约1.5 km。

在生态绿道系统方面，虹桥商务区高标准建设生态绿化带和四大公园，依托吴淞江和苏州河，以及周边天然的河道，打造水系景观工程和绿色生态走廊。目前，虹桥商务区核心区一期及南、北片区已建成多处生态绿道，包括申滨南路沿河绿道、隆视广场沿河绿道、扬虹路高架绿道、申长路健康步道、天麓绿地绿道、申贵路绿道，总绿道长度超过了7.5 km。

在共享巴士体系方面，虹桥商务区提供"新虹易公里"班车、携程超级班车等共享巴士服务，打通服务企业的"最后一公里"。共享巴士为商务区内职员提供企业与小区之间的上下班接送服务、企业与交通枢纽之间的短途接驳服务；为企业提供灵活的定制班车服务，减轻了商务区交通压力，不仅减少了自驾出行的数量，达到环保低碳的效果，而且提高巴士的利用率，一定程度上填补了公共交通服务"盲区"。

（4）立体绿化场景

2018年，虹桥商务区核心区建筑实施屋顶绿化面积约18.74万 m²，占整个核心区屋面面积的50%左右。其中，商务区核心区一期屋面绿化面积96 781 m²；南、北片区屋顶绿化经改造提升后，屋顶绿化总面积达到90 682 m²，占南、北片区屋面总面积的43%。实施屋顶绿化后，不仅大大节约了有限的土地资源，实现土地的集约利用，还提高了屋顶围护结构保温隔热的热工性能，为员工提供了休憩娱乐场所；此外，提升了生态环境质量，形成虹桥商务区独具特色的"第五立面"，为虹桥商务区的减碳、固碳发挥了一定作用。

7.3.2 数字江海产业街区低碳规划技术集成实践

数字江海产业街区（简称"数字江海街区"）位于上海市奉贤区南桥新城，总用地约137 hm²，建设规模约183万 m²，规划就业岗位2万～3万人，是典型的城市产业街区，目标定位为"数字化国际产业城区"。作为上海首批绿色低碳试点区，数字江海街区重点探索新兴技术的集成应用，并形成五大应用场景。

（1）能源重置场景

数字江海街区的建筑以工业研发类的公共建筑为主，适宜探索建筑光伏一体化技术。结合地块开发时序，数字江海街区分三个区域布局光伏建筑。一是近期开发的商业办公建筑，以实现传统的屋顶光伏普及为主；二是远期开发的街区应用建筑光伏一体化技术；三是在居住部分应用光热或光热光伏一体技术。数字江海街区的建筑屋顶面积共21万m^2，安装光伏面积约7万m^2，墙面安装光伏面积3万m^2，预计装机容量达14 MW，占本地能源比例的8%～10%，节约1 500万度电，减碳量1万吨。

数字江海街区还采用分布式能源系统，打造区域能源调控与储能技术示范，联合上海电气示范新型液态储能，建设共同储电中心。分布式能源系统是当前效率较高的能源供给方式，由能源供给、能源转换和能源存储三部分组成，集成了CHP机组、电热泵、电锅炉、储能等区域级能源设备，与不同区域负荷直接相连。与此同时，街区联合上海电气示范新型液态储能，建设共同储电中心，通过抽水蓄能、压缩空气储能、锂离子、铅蓄电池储能探索新型街区储能模式。

数字江海街区应用智慧孪生的综合能源系统，实现多情景的能源调节与柔性分配。借鉴法国电气集团的智慧能源系统，在硬件端设置储能设施、交直流输电网络与监测设备；在软件端实现多源调节、柔性分配与能源孪生。

热电厂通过低品位余热①实现发电利用，依靠换热站和吸收式制冷机向用户供应冷/热负荷。应用电动汽车智慧充电技术，引导电动汽车低谷充电、错峰充电、有序充电，通过智慧能源平台、能源控制器、能源路由器、电网、用户、充电桩等实现信息充分交互和设备有序控制。

（2）零废循环场景

数字江海街区建立了分类利用、分期迭代的建筑垃圾循环模式。结合分期开发特征，数字江海街区将每期施工过程产生的建筑垃圾作为下一期施工的路基、渣土填充等，实现建筑垃圾的循环利用。施工现场应充分利用混凝土、钢筋等余料，在满足质量要求的前提下，根据实际需求加工制作成各类工程材料，实行循环利用。施工现场不具备就地利用条件的，按规定及时转运到建筑垃圾处置场所，进行资源化处置和再利用。实时统计并监控建筑垃圾产生量，提高建筑垃圾资源化利用水平，地区装配式建筑的建筑垃圾排放量不高于200吨/万平方米，其他新建筑垃圾排放量不高于300吨/万平方米。规范管理建设和运管过程中产生的建筑废弃物，有效实现建筑垃圾处理的

---

① 低品位余热指品位低、浓度小、能量少，且不被人们重视的废热能源。

减量化、资源化和无害化。经测算，实行建筑垃圾资源化循环利用后，数字江海街区每期新建建筑施工过程产生的建筑垃圾95%以上得到回收利用，为下一期开发建设提供2%～3%的原材料。

数字江海街区建立从地块到街区的多级利用水循环系统。地块层面，27处地块对雨水相关指标实行总控，控制渗透率，实现微循环；街区层面，建设4处多功能调蓄池，应对更大的雨洪，实现跨街区调配。采用聚苯烯雨水收集模块，可根据工程需要设计成各种不规则形状和尺寸，由石英砂、无烟煤、重矿石等滤料组成快速过滤装置，设置雨水智慧感应模块，实时监控区域降雨量、综合利用量等。经测算，整合多功能调蓄池，实行雨水集中收集、复合利用之后，数字江海街区每年可节水约2.2万 m^3，雨水渗透及利用率达到约72%，每年可减碳13 t，同时减少暴雨泵站外排的水量。

（3）低碳建造场景

公共建筑重点采用光储直柔技术。街区运用全直流电器，提高建筑光伏的发电自用率。直流接入分布式光伏、储能，减少用电转化环节的损失。同时，建立三级电池储能系统与智慧用电管理平台，实现光储直柔瓶颈的突破。

街区采用功能混合布局，通过规划引导"中密度"空间形态。以功能混合为目标，建设新一代园区，实现产城融合；通过试点用地分层空间权属，引导立体混合；强化"中层中强度"的建筑形态，使建筑能耗处于相对理想的低能耗区间。

（4）高质绿基场景

数字江海街区重点探索光伏绿化一体化（GRPV）技术。在建筑屋顶空间资源利用方面，光伏和绿化之间一直存在冲突。为了取得良好的减碳效果，同时不损害城市风貌，应因地制宜地选择绿色屋顶光伏安装模式。泰国Feuangfa两层住宅楼及澳大利亚悉尼Barangaroo区写字楼的实践证明，相较于传统光伏屋面，发电光伏绿化一体化屋面发电量提升了2%～4%。主要是绿植的蒸腾降温、吸尘和漫反射作用，提升了光伏效率。集成现有的结合植物的打孔光伏板生产技术，数字江海街区探索了"光伏板＋底层草本""架高光伏板＋底层灌木""光伏板＋公共绿化水平组合"三种模式，结合屋顶面积规模进行全面试点。屋顶面积小于2 000 m²的，利用倾斜光伏板与底层耐阴型绿化一体化形式；屋顶面积大于2 000 m²的，宜利用水平光伏板与屋顶花园组合形式。

同时，充分利用数字江海街区现有的高质量苗圃，实现100%绿化返还率。借鉴新加坡绿化返还率的概念，厘清开发前各场地绿地率，通过立体绿化等方式保证开发后场地绿量不减少，实现高质量增汇。

（5）绿色出行场景

数字江海街区建立了互联共享的无人车系统，依靠无人车系统和慢行系统提升绿色出行比例。运行无人车系统，核心是实现智慧交通设施。街区设置两条无人驾驶示范道路，集成应用车流监控管理、交通信息发布、定位导航服务、电子收费系统、智慧停车与充电服务及智慧网联公交系统等多项技术。

数字江海街区通过构建慢行交通网络，将居民住所与公园、邻里中心、学校、体育设施、公交及轨道站点等公共活动中心进行串联，并融合活力休闲、绿色康体、文化体验、民生服务等多种功能，实现慢行交通网络的功能复合。数字江海街区根据用地布局，合理设置步行与非机动车专用通道，提升人行道、自行车道和绿化空间在道路红线宽度中的比例，保障慢行空间行人路权；通过设置导向指示、无障碍通道、遮阳设施和座椅等个性化服务设施，打造宜人的慢行环境。

7.3.3 上海之鱼居住社区低碳规划技术集成实践

奉贤新城上海之鱼居住社区（简称上海之鱼社区）是上海首批绿色低碳试点区之一，位于奉贤新城的区域核心位置，占地面积2.53 km²，居住及就业人口约1.24万，总建筑面积约121万 m²。该片区以居住为核心功能，现状已建部分居住社区、邻里中心、幼儿园等，建成后预计容纳近3 000住户。上海之鱼社区在住宅建造、公共建筑、绿色碳汇及资源循环等领域实践多项集成技术。2021年，上海之鱼社区被评为三星级"上海绿色生态城区"。

（1）低碳住宅场景

在住宅建造上，上海之鱼社区延续已成熟运用的高效保温外墙、高性能外窗、高效热回收新风系统、模型设计、无热桥设计等五大核心技术。高效保温外墙厚度是传统墙体厚度的两倍，但传热系数仅为传统节能居住建筑墙体的20%；高性能外窗采用三层充气玻璃，让外窗气密性至少达到8级，可降低建筑1/5的热损失。上海之鱼社区持续探索运用改良建筑混凝土与"SI住宅"（结构体Skeleton和居住体Infill完全分离的住宅）建造。一方面，建筑结构框架可使用改良型低碳混凝土。在"双碳"背景下，"低碳与环境友好、资源合理利用、节能减排利废"是混凝土行业的发展方向。低碳混凝土使用一种通过与二氧化碳反应并"碳酸化"而固定的特殊材料，建造水泥用量可减少到原来的1/3，碳酸化可减少建造过程中30%的二氧化碳排放。另一方面，探索运用SI住宅建造方式。SI住宅建造方式将住宅的支撑体S（Skeleton）和填充体I（Infill）完全分离，这一住宅建设体系起源于日本，其基于住宅长寿化的基本理念，通过大空间结构体系+架空体系+集中管井关键技术的组合方式，实现住宅主体结构、外围护、设备管线与内装的系统集成。其系统集成还体现在协同建筑、结构、机电和装修等全专业集成；统筹策划、设计、生产、施工和运维等全过程集成，可以解决住宅建设的全产业链、建筑全生命周期发展问题和住宅生产建造过程的连续性问题，使资源和效益最优化。

（2）零碳公共建筑场景

在公共建筑上，上海之鱼社区应用绿色低碳建筑技术，重点建设中国绿色低碳建筑科技创新大厦和在水一方科技馆两处零碳公共建筑。中国绿色低碳建筑科技创新大厦计划采用光储直柔建筑技术，应用BIPV技术，通过在东、南、西三侧立面增加光伏构建密度，在屋顶增加太阳能光伏板，实现光伏安装面积提升100%、光伏发电量提升50%。统筹储能空间布局，建立包括集中式楼宇储能、分布式空调专用储能和分散式末端储能在内的三级储能体系。同时，以电能路由器为核心构建低压直流配电系统。在水一方科技馆重点使用数字化混凝土异形模板技术，采用"抗震核心筒+空间异形壳"的建筑形态，使用数字化曲面建模与钢筋三维弯折预制技术提高工程效率。

（3）固碳公园场景

在绿色碳汇上，上海之鱼社区的公园已初步建成，湖面面积72 hm²，绿地面积66 hm²。结合蓝绿基底提升整体碳汇，在公园划定约10～12 hm²森林绿碳区，可使碳汇提升5%～10%；重点选取本地高碳汇乡土植物，使碳汇能力提升3%；打造复层和自然演替的植物群落，碳汇能力提升3%。

充分发挥公园的低碳科普功能。在滨湖西侧公园打造一处低碳秀场示范区域，展示可互动的低碳景观构筑或设施。具体包括1条发电跑道，通过踩踏地砖产生能量并存储；3片光伏互动区域，包括光伏雾森装置区、光伏手机充电站区和光伏曝气装置区；5个光伏互动盒子，包括2

个光伏办公盒子和3个光伏运动盒子；同时，串接3处超低能耗公共建筑，集中低碳展示。

结合居民活动的主要动线，上海之鱼社区打造一条4 km晴雨连廊环线，将建筑物与公交站点（包括地铁站）无缝衔接，形成一条可供全时、绿色慢行的"碳索之路"。

（4）清水循环场景

上海之鱼社区培育自然净水的河口阶梯湿地，利用暂未对外打通的水道，布局四处阶梯形人工湿地，通过自然生态的净化方式，实现蓄水沉淀、梯田生态净化、土壤生态净化、重金属净化、病原体净化、营养物净化、植物综合净化等多级净化处理，将上游较差的补水水质，转化为景观绿化用水、景观水体游憩用水。

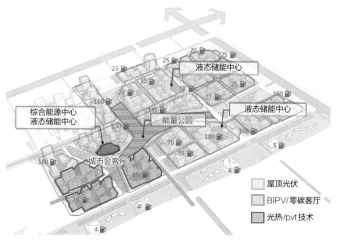

图43 数字江海能源分类使用模式
资料来源：中国城市规划设计研究院，奉贤新城数字江海绿色低碳试点区建设方案

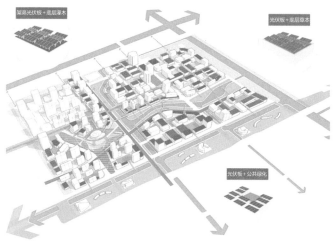

图44 数字江海绿色屋顶光伏安装模式
资料来源：中国城市规划设计研究院，奉贤新城数字江海绿色低碳试点区建设方案

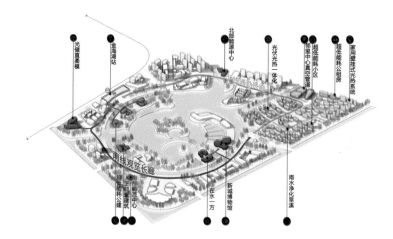

图45　上海之鱼固碳公园设计示意图

资料来源：周梦洁绘

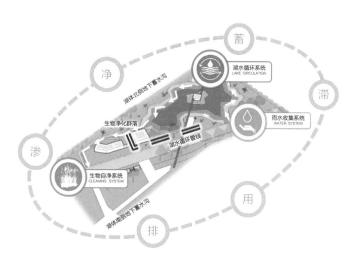

图46　上海之鱼清水循环系统示意图

资料来源：周梦洁绘

第 8 章

回归规划初心

迈向低碳社会

对低碳社会的思考以兴趣始，发于规划师的责任感。既然是社会变革，那城市规划的技术方法也应顺应低碳社会的逻辑发生变化，需要回到规划师的身份思考城市规划应当如何应对，城市规划的新方法又怎样实践？纷纷繁繁的低碳技术方法怎么选择应用？城市是人和自然共同的栖居之所，当聚焦"碳"时，相互的关系怎么处理？

8.1 拥抱变化的未来，从确定性规划转向应对不确定性

1999年，吴良镛先生在《北京宪章》中写道："时光轮转，众说纷纭，但认为我们处在永恒的变化中则是共识。令人瞩目的政治、经济、社会改革和技术发展、思想文化活跃等，都是这个时代的特征。在下一个世纪里，变化的进程将会更快。"面向一个如此不确定的未来，我们不得不思考，城市规划的技术方法究竟应该如何转型。新加坡在2022年发布的最新一版"长期规划"采取了全新的规划思维，比如对建设留白、生态留绿的考虑，强调给自然更多的空间等，赋予未来城市发展的多向性与选择性。

如今我们处在了"控制温升在2℃以内"的十字路口，

一方面，城市发展面临着地缘政治矛盾日益尖锐、全球气候变化威胁安全底线等多重挑战；另一方面，绿色低碳的技术伴随着前沿科学探索，日新月异的脚步不断加快，但技术变革的方向具有很大的不确定性。以光伏为例，从最初因为成本高、转化低，对光伏技术持谨慎态度，不予以推广，到现在新技术层出不穷、成本降低，低碳技术成为市场热点，同一技术的可应用性也发生了彻底变化。

面向低碳社会，我们需要让城市更好地应对减碳发展的不确定性，强调空间留白给予更新低碳技术落地的可能，强调更多场景的模拟，赋予城市空间更多的弹性。我们还强调赋予城市更多的韧性，创造气候适应性的蓝绿空间，守住城市的安全底线。因此，我们的规划技术也要从原先的确定性规划转型，助力城市拥抱变化的未来。

8.2 避免"运动式"减碳，方向比速度更重要

低碳社会建设本身就是一项复杂、长期和系统性的工程，需要科学部署目标任务，处理好发展和减排、整体和局部、短期和中长期的关系。有些地方、企业积极行动确实取得了一定的效果，但同时也要看到，有些城市在空喊

口号、蹭热度，还有一些城市有过度行动的倾向，超过了目前的发展阶段。这种运动式"减碳"，一哄而上、缺乏统筹，可能会使得减排成本和效益难以达到最优。更需要警惕的是那些没有经过科学论证的城市"减碳行动"，在错误的赛道上一骑绝尘、毫不犹豫。尤其是盲目的运动式减碳往往陷入高技术成本陷阱，比如部分地区只关注了新城新区的低碳建设与减碳措施，缺乏对既有城区低碳化改造的探索；部分地区对本地能源禀赋的掌握不足，盲目模仿照搬，大量建设产能设施但收效甚微；部分地区忽视电网的智能调节系统建设，造成大量弃光、弃风，使得资源浪费。我们需要的不是高成本的先进技术堆砌，而是强调成本与效能之间的平衡，寻找低成本、高效能的减碳技术。因此，城市减碳需要积极行动但也要避免盲目运动，前置研究更审慎的发展方式，找准方向，才能保障低碳社会长期可持续性的发展。

8.3 回到规划的初心，城市规划是具体为人民服务的工作

恰如中国城市规划的开创人金经昌先生所说，"城市

规划是具体为人民服务的工作"，不以减少人民对美好生活的向往为减碳的前提，无论绿色低碳的技术如何迭代和变化，我们始终坚持以人民为中心，在城市规划方法的变革中紧紧抓住人的主线，贴近人的需求，基于人的行为特征和逻辑，找到符合人本需求的城市规划方法和要点。

最终需回到城市规划方法本身。本书尝试从低碳社会的视角总结了新的十大城市规划法则，包括：+绿色、多样化、组团式、混合式、中密度、新基建、分布式、场景化、绿色出行和数字驱动。这十大法则起始于我们对绿色低碳技术的研究思考，但我们也回到了城市规划的本源价值观，即回到人民，在技术大变革的不确定下探究了在低碳社会背景下人的空间需求和产品供给是什么。比如无锡梁溪河景观带整治提升项目在河流沿线建成了6个低碳驿站、1个低碳展示馆、13公里的低碳道路、高效净化过滤的多级生物滤池（WTS）湿地以及百年一遇防涝标准的地表排水通道，探索了与水共生、绿色建筑等多种低碳规划技术，既改善母亲河水质和两岸生态环境，又为居民创造了一个兼具休憩场地、社会停车、低碳宣教的绿色生活图景。亦如成都熊猫绿道的建设，机非、人非彻底分离，市民出行更安全、便捷，还能观四季景、玩熊猫+游园，既是为人民服务也支撑了城市减碳发展，同时实现了绿道生态功能和对居民生活品质的提升。

8.4 重新栖居城市，人与自然和谐相处是我们的根本目标

从"天人合一、道法自然"的中国古代营城智慧，到后工业革命时期对蓝绿空间与生态网络的重视，再到近年来对物种多样性与自然生境空间保护的关注。营建更美好的人居环境，实现人与自然和谐相处应是我们规划从业者一以贯之的价值观。近年来，光储直柔建筑、分布式能源站、光伏薄膜一体化等低碳项目逐步在城市中增多，规划师们也在探索如何平衡好新技术应用与建设成本，以推动更高效益、更可推广的减碳方式，我们仿佛看到能源革命下由技术驱动着一个不一样的城市雏形正在诞生。但过往的经验警示我们，技术的建设力量和破坏力量总是同时增长，技术发展改变了人和自然的关系，改变了人类的生活，进而向固有的价值观念挑战。

本书对中国传统营城理念予以"双碳"背景下的重新解读，探讨了现代城市的自然回归，探讨了消费自然城市

与自然边界的规划方法。建设自然中的城市、自然中的社区十分重要，人与自然和谐相处是我们的根本目标。笔者认为，我们应该重新审视人工环境与自然环境的共生关系，推动从整个城市尺度构建自然生境体系，打破"自然—城市"界线，建立一个城绿融合、生境友好的"自然中的城市"，让城市回归自然。

8.5 凝聚社会共识，推动一场广泛而深刻的系统性变革

城市规划作为用系统性统筹生态、空间及人的生产生活方式等方面并实现共同发展的方法工具，建构与低碳社会形态相匹配的城市规划新方法，对于我国推动实现"双碳"目标具有重要意义。但我们应该认识到，低碳社会既需要城市规划师的努力，更需要社会与企业的共识。日本《面向低碳社会的12项行动计划》提出建设"自然引导型社会"的情景假设，强调的是全民参与、多元主体的广泛行动。

而当前我国在低碳建设方面多聚焦于城市工程技术领域，对绿色生活减碳的价值认识不够，尚处于部分社会组

织自发倡议阶段。社会治理层面的顶层设计与全面推动，探索建立绿色低碳导向的新型社会行动方式，诸如生产方式、经济方式、技术方式等，是一场经济社会的系统性变革，需要国家从宏观战略角度选择建设低碳社会。对于城市规划师，把握城市规划技术变革的契机，建设更加绿色低碳的城市空间，推动生产生活方式转型，最终共同实现这场系统性变革，或许就是本书写作的初心与原点。

后 记

改革开放40多年来，我国经历了世界历史上速度最快、规模最大的城镇化进程。在实现"乡村中国"向"城市中国"巨大变迁的同时，城市也成为高资源消耗、高能源消耗、高碳排放的空间载体。在气候变化日益得到重视、低碳发展逐渐成为主导的当下，可以说，城市的绿色低碳发展直接关系到我们应对气候变化的成败。2015年，笔者团队有幸申请到住房和城乡建设部的《低碳生态城市的规划方法研究》等相关研究课题。团队从"低碳城市""生态城市"等概念的辨析开始，通过借鉴大量国内外经验，首次搭建了低碳城市的规划方法体系。但当时囿于技术所限，无法开展碳排放核算等定量化研究。

2017年，吴志强院士邀请笔者参加由其牵头的"十三五"重点研发计划"城市新区规划设计优化技术"，鼓励我们对城市新区的绿色规划设计进行技术集成。借这次课题研究契机，笔者意识到科学方法与实证定量研究的重要性，尝试将之前多种探索进行归拢和提升，以破解当时研究中"定性多而定量化技术缺乏"等问题。在这个课题研究中，笔者团队第一次突破碳排放核算方法瓶颈，形成"集成方向—关键技术—核心指标"的规划减碳技术框架，搭建起全国首个"城区—片区—街区"多层次的碳计量模型平台。在这个过程中，笔者发现，当前城市低碳发展过度关注工程减碳技术应用，而忽略了片区整体减碳的系统施策。结合所在城市规划行业丰富的城市实践积累和需求汇总，笔者认为应当充分发挥城市规划的系统性减碳优势，将街区作为减碳单元来推进低碳技术的系统集成。

2018年，在对哈马碧生态城、哥本哈根北港等北欧国家的低碳先行区进行考察交流后，我们再一次认识到低碳城市和社区建设的深远社会价值。当被问到"建设低碳社区成本会提高，消费者愿意购买么？"他们很自豪地回答："当然！"因为他们认为这样的产品对社会更有意义，人们也更愿意为这种绿色产品付费。亲身接触到这些已经建成的低碳实践项目，笔者看到了低碳前沿科技和生活价值观的完美融合，感受到低碳行动已经渗透到北欧居民生活的方方面面。从那一刻起，笔者认识到，低碳生活方式的倡导有着不逊于低碳技术的重要价值，于是系统性建设低碳社会的种子在我们研究过程中种下、萌芽并生长。我们逐步统一技术逻辑、行为逻辑、自然逻辑三大逻辑，尝试提出建设低碳社会的十大规划法则，从而形成了本书的总体框架。这既是对社会各界共营低碳社会的一点建议，也是面向规划工作者和城市管理者的交流和探讨。

本书的出版首先感谢吴志强院士，在"十三五"国家重点研究计划"城市新区绿色规划设计技术"的研发过程中，鼓励我们运用"科学思维""定量化模型""集成化框架"来研究绿色低碳。本书也得到中国城市规划设计研究院李晓江、杨保军、王凯三任院长，朱子瑜、张菁两任总规划师的大力指导与帮助，他们在各类课题研究中带领我们逐渐走进低碳规划领域并为我们指点迷津。衷心感谢核心研究团队中的孙娟、罗瀛、吴乘月、陈海涛、翁婷婷、周梦洁、吴浩、董韵笛、陈阳、高靖博、张庆尧等人，在持续数年的研究讨论中他们贡献了很多真知灼见，也为本书的内容组织提供了极大帮助。同时，还要感谢上海分院低碳相关课题研究小组的其他成员谢磊、毛斌、李丹、申卓、杨鸿艺、戚宇瑶、秦潇、方慧莹、马璇、张亢、葛春晖、邵玲、肖颖禾、史帅等，他们在低碳领域的相关研究给予我们很大的启发。感谢上海同济城市规划设计研究院有限公司匡晓明、陈君等，中建工程产业技术研究院有限公司齐月松、邹宇亮等，中规院设计分院陈振宇、魏维等"十三五"课题联合团队的成员，在整个课题研究过程中给予的支持和帮助。感谢中国建筑西南设计研究院有限公司、中建西安幸福林带建设投资有限公司、中德联合集团有限公司、青岛西海岸交通投资集团有限公司等课题示范工程单位的支持和帮助，为规划减碳技术方法提供了在地化的应用与反馈。感谢上海市住房和城乡建设管理委员会在绿色低碳试点区建设中的支持和帮助。感谢碳中和行动联盟等组织机构的支持和帮助。感谢所有在课题研究过程中给予悉心指导的各位院领导和专家学者，篇幅有限，在此不一一赘述。

此外，本书在筹备和出版过程中得到了诸多团队、领导、专家、同行和朋友们的大力支持和慷慨帮助。在此，衷心感谢中国建筑工业出版社的滕云飞编辑及其出版团队的耐心指导和专业服务，感谢中华地图学社在地图审查过程中给予的指导，他们帮助本书以最好的面貌出现在读者面前。

推动"碳达峰、碳中和"，是一场人类经济发展方式的系统性变革。回首过去八年的摸索，我们对低碳社会建设的系统思考才初见端倪，远远称不上是"硕果累累"。但很高兴看到的是，当前无论是行业内还是在各地实践中，关于减碳规划关键技术的研究讨论已经形成浓烈的氛围。起步与快速发展的时期更需要思想的交流和技术的碰撞，也正是出于这样的目的，我们希望把这一阶段的研究成果和探索心路记录下来，作为研究生长的印记，与大家分享、交流。

近年来极端气候事件频发，从欧洲创纪录的冬季高温到加拿大山火持续蔓延，从极地冰川的不断融化到夏季高温热浪席卷北半球，从巴西的严重暴雨到中国京津冀地区的洪涝灾害，地球的气候系统似乎面临着越来越严峻的挑战。全球各地的人们纷纷感受到气候变化就在身边，也正深刻影响着我们的日常生活。诺贝尔和平奖获得者旺加里·马塔伊说："体现差别的并非大事，而是我们每天取得的小小进步和马上的行动。"我们希望研究低碳的过程，是一个技术探索突破的过程，也是一个把低碳社会价值传递给周边每一个人的过程。只有我们每个人都行动起来，从衣食住行的每一个小决定做起，才能真正实现人类与自然和谐共生的美好愿景。